JN167862

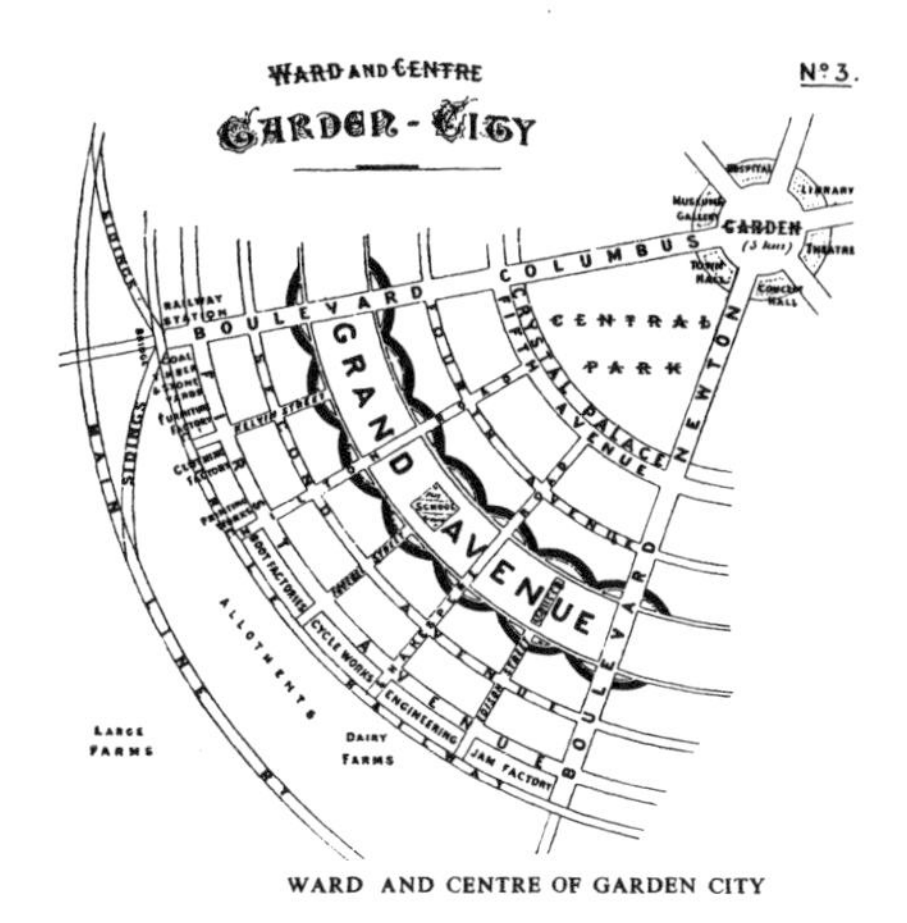

WARD AND CENTRE OF GARDEN CITY

［新訳］

明日の田園都市

エベネザー・ハワード著
山形浩生訳

GARDEN CITIES of To-Morrow

Ebenezer Howard

鹿島出版会

GARDEN CITIES of To-Morrow
by Ebenezer Howard
edited with a preface by F. J. Osborn
with an introductory essay by Lewis Mumford

THE GARDEN CITY IDEA AND MODERN PLANNING
by Lewis Mumford

新たな機会は新たな責務を教え
時は古き善を奇異にしてしまう
上昇を続け、前進を続けねば
真理に遅れを取らぬようにする者たち、
見よ、眼前に真理のたき火が見える！
我々自身がアメリカ開拓の清教徒となり
独自のメイフラワー号を仕立て、大胆に
絶望の冬海を航海しなければ
そして過去の血でさびた鍵を使って
未来の扉を開けようとしてはならない

——J・R・ローウェル『現在の危機』より

目次

＊注釈にある編注とは、一九五一年の再刊時に編者であるフレデリック・オズボーンが加えたものです。

序文

エベネザー・ハワードの本が最初に刊行されたのは、一八九八年『明日：本当の改革に向けた平和的な道』としてであり、その後ちょっとした改訂を経て、一九〇二年に『明日の田園都市』と題して再刊された。今回の版はこの一九〇二年版を元にしている。ただし一八九八年版で、ハワードが他の著述家から引用した部分をいくつか復活させている。それらが今日新たな興味の対象となるように思うからである。図版は一九〇二年版のものを使った。図版の様式は、ハワードの生き生きとした書きぶりと比べれば古くさく見えるが、本の不可分な一部であり、ハワード自身が描いたものとして、かれの実務的ながらも専門的になりすぎない構築性や、一般の人々を説得する才能について何事かを語ってくれる。

本書とその影響の歴史はパラドックスだらけだ。本書はあらゆる現代言語に新しい用語（Garden City, Cité-Jardin, Gartenstadt, Cuidad-jardín, Tuinstad）をもたらしたし、この用語はハワードによりきわめて厳密な意味を付与されたのに、あらゆる場所でそれは著者の定義とはまったくちがう、いや正反対の意味でしつこく使われ続けている。

繰り返すが、本書は都市計画文献の中で独特な地位を保ち、あらゆる都市計画文献の参考文献に挙げられ、主要図書館の棚に並び、都市計画に関するほとんどの本で言及されている。それなのに、都市計画をめぐる通俗著述家のほとんどは本書を読んだことがないらしい——読んでもその中身を覚えていないらしい。

さらに本書は都市創設の二つの実験につながり、これは模倣と、模倣の模倣を通じて、世界中の都市開発実務に計り知れない影響を与えた。こうした展開と並行しつつもおおむね独立した形で、本書は都市の構造と都市の成長に関する科学的、政治的な見通しを、長い冬眠期間を経つつも一変させるような考え方を始動させている。でも、これほど重要な本で、これほどの学問的な認知や名声を享受していない本は他に例がない。アルフレッド・マーシャルと、シャルル・ジッドを例外として、一級の経済学者はだれひとりとして、都市の規模が意図的な統制の適切な対象になるのだというハワードの中心的な発想を、ここ数年に至るまで本気で検討してはこなかった。都市計画をめぐる認知された有力な著述家として、この考え方を十分に理解していたのは、サー・レイモンド・アンウィンだけだ。そしてその副次的なパラドックスとして、ルイス・マンフォード氏が述べるように、アンウィンのライフワークは(レッチワースでの初の田園都市への参加以降)、実際にはハワードの弟子としてかれが原理的に反対していた、普遍的な郊外開発のパターンを確立させてしまうことだった。社会学者たちはといえば、社会組織における主要な要因として、地理的なコミュニティ単位の規模に注目するという段階に達するまでに、四〇年にわたるデータ収集と細かい分析を必要としており、その全員が（パトリック・ゲデスとマンフォード氏を除き）その間ずっとハワードの著作を一貫して無視してきたのだった。

この学問的な黙殺の理由はすぐに見当がつく。ハワードは「科学的著述家」には見えなかった。その著書は専門用語を避けているし、大した学歴も示しておらず、歴史的、人口学的な記述もほとんどない。ベストセラーになったわけでもないから、世間の態度にすさまじい影響を与えて、社会問題の学徒がいやいやながらも敬意を払わねばならないわけでもない。それでも私には驚くべきことだと思えるのが、訓練を受けた思想家の中で、ハワードが驚異的な直感と判断力を持っており、それを大きな社会的重要性を持つのに無視されてきた問題に対して適用しこだわってみせたということに気がついた人がほとんどいなかったということだ。そしてその自分の選んだ分野で、永遠の重要性を持つ内容を、当時の思想の中ではかない思潮と峻別するだけの鋭い直感を持っていたということにも、ほとんどの人が気づかなかった。本書で、ハワードがきわめて大胆な想定をしており、慎重な学徒ならそれをすぐには受け入れないだろうということは否定されるものではないし、またハワードがそうした想定を、権威や統計の羅列を持って裏付けようとはまったくしていないのも確かなことではある。でもかれの想定が実際にほぼ完全に正しかったのは、それが一般人の習慣や願望に対する広い共感に根ざしていたからだ。ハワードが都市問題の核心にたどりついたのは、系統的な事実探索と分析によるのではなく、無自覚的な常識と人間的な理解によるものだったのだ。

この本が採り上げているのは、都市構造という特殊な問題であり、この問題に対する貢献が歴史的な重要性を持っている。でも今日の読者は、政治的な背景の変化についてそれがどういう意味合いを持つのかについて、否が応でも興味をかきたてられることだろう。ハワードがこれを書いてから半世紀近くがたったことを考えると、かれの思想が今日の大論争にこれほど大きく関係しているのは驚異的だ。かれは、地方事業の大幅な拡大を予見していた。でも先行する無数のコミュニティ理論家とはちがい、この原理を無限に拡張するようなことはしなかった。かれは社会的なコントロールと同じくらい、自由な事業も重視していた。そしてこの両者の境界についての実験的な態度ととりあえずの提案、民主的な統制の衰退、自発的協力の範囲についての考えは、今日の私たちの状況にも関係している。さらに驚かされるのは、都市計画がチームワークであり流動的なプロセスだと考えていることだ（「この計画、あるいは読者がお望みならば計画の不在と言ってもいい」）はまさに、都市計画の狭い発想や、計画に対するもっと偏狭な抵抗が何十年も続いた後で到達しつつある考え方だ。本書は、こうした先見の明を数多く含む。でも登場時には、保守的な考え方の人々には単なる妄想と思え、政治的左派に属する理想主義者たちにとっては、自分たちの単純化しすぎた万能解決策を軽視するものと思われたらしい。ファビアン協会の現実主義的な改革者の一部でさえ、ハワードの仕組みを無益で実現不可能だと一蹴している[1]。

そんなわけで、この本が世間一般の思想に与える影響は直接的なものではなく、実務的な都市開発で実験を行った、ひと握りのエネルギッシュで有能な人々の心に与えた影響を通じてのものとなったのだった。こうした人々の行った細かい事柄は、細部まで世界中でまねられた。かれらのもっと大きな成果は、ハワードの提案から導かれたものだったけれど、漠然とした理解以上のものを受けることはなかった。田園都市の意味と大きな重要性は、その過程で見えにくくなり、ほとんど失われてしまった。

だが『明日』の刊行から一、二年ほどの間、昔から人々の暮らすイギリスに、新しい鉱業都市を建設しようというプロジェクトは大いに世間的な関心を集めた。ハワードはこの話題について全国で講演を行い、一八九九年には多くの支持者を集めて、田園都市協会（Garden City Association）を創設した。一九〇一年には、この組織は故ラルフ・ネヴィル、K・C（後にジャスティス・ネヴィル氏）の支援を受けたことで強化された。ネヴィル氏は協会の会長となり、この運動に多くの実務的な英知をもたらしてくれた。また故トマス・アダムズ（後に高名な

1　「かれの計画は、イギリスを占領した頃のローマ人に対して提出されていれば間に合ったかもしれない。ローマ人たちは都市の設営に乗りだし、我が先祖たちはそこに今日に至るまで住み続けている。いまやハワード氏は、それをすべて引き倒し、それを田園都市で置き換えようという。そのそれぞれが、定規とコンパスですてきに設計された、きれいに彩色された計画どおりにつくられるのだという。著者は多くの見識ある興味深い著作を読んでおり、そうした本からかれが行う抜粋は、そのユートピア的な策謀というパンの中の、スモモのようだ。私たちは既存の都市を最大限に活用するしかないのであり、新しいものをつくる提案というのは、ウェルズ氏の火星人たちによる訪問に対する保護の仕組みと同じくらいの有用性しかないであろう」——「ファビアン・ニュース」、一八九八年十二月号

都市計画コンサルタントとなった）も参加し、協会の書記を務めた。さらに、製造業者の有能で影響力の強い集団と、公共部門で有力な人々も参加している。これほど目新しく大胆なプロジェクトの実現性については、全般的な懐疑論が続いた。でもこの集団は、それを実現するだけのしっかりした基盤を持ち、理想主義もあることを示した。パイオニア企業が登記され、一九〇三年には、かなりの探究の後に、15・45 km²[*1]の地方部の敷地が、ハートフォードシャイアで民間協定を通じて購入された。これがロンドン都心から56 km[*2]離れた、初の田園都市レッチワースの創設だった。

レッチワース創建の物語は他でもされているから、[*3]ここでは繰り返さない。この町を創始した有能な事業家たちの判断力が何よりも明確に示されたのは、都市計画を用意するにあたり、当時無名だった建築家のレイモンド・アンウィンとバリー・パーカーを選んだことだった。アンウィンは、すばらしい技術能力を持っており、すぐにハワードの思想の重要性を理解したし、またハワード自身と同じように、次世代における住宅や工場の設計を一変させるような、台頭しつつある社会的な力と世間的な野心にも敏感だった。後に、「チューダー・ウォルターズ・住宅報告」（一九一八）の起草者として、アンウィンは両世界大戦の戦間期の莫大なイギリスの建築作業を特徴づけることになる、現代的な住宅庭園基準を確立させた。そうした基準の先触れはボーンヴィルなど他のところにもあった。でも

＊1 訳注　原文では3818エーカー。
＊2 訳注　原文では35マイル。
＊3 訳注　最古の記述はC・B・Purdomの *Building of Satellite Towns*（一九四九）に見られる。

レッチワースこそが、その人気を実証するにあたり最も目立つ役割を果たした。他の多くの国でも田園都市協会が設立され、国際田園都市協会（後の国際住宅・都市計画協会）がハワードを会長として設立されたことで、レッチワースは世界的な名声を得た。この町は、万国の住宅都市計画改革者にとってのメッカとなった。そして専門家たちがレッチワースの住宅基準や、その配置の重箱の隅にばかりますますこだわるようになり、その建設によって例示するはずだったもっと大きな思想に対する注目がますます低下していったのは、その創設者たちの責任ではない。

というのもレッチワースは、当時も今も、ハワードの本質的なアイデアの忠実な実現だからだ。そこには今日に至るまで、各種の繁栄した産業があり、住宅と庭園を備えた町で、大量の空地もあり、活気あるコミュニティ生活があって、その住民のほぼ全員は地元で雇用されている。それは不可侵な農業ベルトで囲まれており、単一所有者、利潤の制限、過剰収入はすべて町の利益のために留保されるといった基本原理は、完全に維持されている。株式資本に許容される最大の配当は、長年にわたり公表されている。ただし、建設初期段階からの一部の延滞金はまだ返済が済んではいないが[2]。商業的にも、この事業は新規分野の初事業として期待できる最大限の成功を収めている。国の財政というもっと広い観点からすると、誇らしいほど経済的な試みとなっている——国から受け取った一人当

2　延滞金は一九四六年に完済された。一九五六年には配当上限が廃止されたが、一九六二年レッチワース田園都市事業体法により、その都市は一九六三年に公有地となった。

たりの住宅補助金は、旧市街での集中的開発のために注ぎ込まれた金額に比べれば無視できるほどのものだ。その健康面の記録は、第二の田園都市ウェリンを除けば他の工業都市すべてを上回る。処女地へのまったく分離された工業コミュニティ創設が実現可能だという証明としては、レッチワースの成功は疑問の余地がない。そしてそれに負けず劣らず重要なのは、統合された土地所有と定期借地権の仕組みに基づいた有機的都市計画技法の実証であり、またその仕組みが工業やビジネス事業の自由や町の行政の民主的実施と整合するものだという実証となる。

一九一九年にハワードの個人的な主導の結果として生まれたウェリン田園都市については、多言を要しない。田園都市の歴史に対するウェリンの貢献は、それが市民的設計と建築的調和の技法をレッチワースよりも推し進めたということで、その商業中心や工場地帯のまとめ方では興味深い実験が行われており、大規模開発の経済学に関心を持つあらゆる人々が慎重な検討を行うべきものとなっている。レッチワースよりもロンドンに近いため、ロンドン大都市圏に毎日通勤する住民の比率は目に見えて多いが、労働人口の少なくとも85パーセントは町の中で雇用を見つけている。そこには多様な産業があり、一部の大規模な商業オフィス事業所もいくつかある――こうした事業所はいまや、以前想定されていたよりも分散化しやすいことがわかってきた。[*4]

*4 訳注　全英社会サービス評議会による『分散：ある検討（*Dispersal: an Enquiry made by the National Council of Social Service*）』（一九四四）を参照。

レッチワースの設立は、本書第12章でハワードが予想したような、同じ原理に基づくニュータウンの広範な設立にはつながらなかった。これについて考えてみるだけの価値はある。一八九八年以来、イギリスの人口は1100万人増加し、その住戸数は400万戸から500万戸ほど増えた。新しい工場やコミュニティ建築も同じくらいの比率で増えたのはまちがいない。言い換えると、われわれはこの期間に、ハワードの仕組みに基づく都市300カ所ほどに相当する建物を既存ストックに追加してきた。それなにに、田園都市は二つしかなく、両者の人口を合わせても4万人だ。

この間に、残り数百万人の追加人口や住戸はどこに配置されたのだろうか？ほとんどは既存都市のまわりに広大に広がる郊外部だ。大ロンドン都市圏——絶えず建築が続いている大都市圏——だけでも、ハワードが本書を書いてから人口は225万人増えている。裕福な世帯が郊外に移住したため、都心地区に住む人々の数は少し減った。でもそれで混雑が大して、いや少しも緩和されたわけではない。都心部のビジネス事業所が大幅に拡大し、かつては住居が置かれていた土地を侵食してきたからだ。出生率低下のため、世帯規模は小さくなった。イギリスの都市では都心居住区の単位面積あたり家族数または世帯数は、減るどころかおそらく増えただろう。これに対して多くのアメリカ都市では、郊外移住のおかげで広大なインナーシティ地区は実質的に放棄されている。

ハワードの著書刊行は、電力鉄道の最初の実験と同時期の出来事である。かれはそこに可能性を見いだし、そしてガソリン動力の開始とも同時期だったが、ハワードはこちらには触れていない。こうした新しい輸送形態は、かれが述べたような「社会的都市」のパターンを実現するのに使えたはずだが、むしろ郊外のスプロールを支援するのに使われてしまった。スプロールは、都市成長の種類として経済的な観点から無駄が多く、社会的にも弊害が大きいものだ。実質所得増大に伴い、高速輸送は都心部から出ていった人々が、望みの広々とした住宅環境を見つけることを可能にした。でもかれらと地方部からの無数の移住者たちがそうした環境を手に入れた代償として、職場からの長時間にわたるコストのかかる通勤を毎日余儀なくされている。地元のコミュニティ生活は破壊され、まだ都心部に残る大量の住民たちにとって、いなかへのアクセスはずっとむずかしくなってしまった。

この期間には、確かに工業の「分散化」はかなり進んだ。でも空間、採光、安い土地を求める企業は、わずかな例外を除いて大きめの人口集中地区の郊外周縁部近くに立地している。その理由は、想像力豊かな予見能力はほとんど見られないものだが、それでも容易に理解できるものだ。その一方で、製造業産業よりもはるかに急成長した商業サービス事業は、同じく理解はできるが想像力に欠ける理由で、都心部ですさまじく拡大し、その摩天楼や巨大街区こそがそうした都心で起こった再建や、その中での雇用増大のほとんどを占めている。インナーシティ部分では、住宅向けの再建は比較的少ない。いくつかのひどいスラム地区は取り壊され、その元居住者たちの一部は、すさまじい公的費用をかけて低所得者層向け共同住宅に移転させられている。そして古い中産階級住宅は、郊外への「幸せな旅」を行うだけの資力も時間も活力もない市民たちのために細分化されている。

暗黙の協力により（これほど精神的に怠惰なプロセスを陰謀と呼ぶのは名称として不公平だ）、公共政策は民間事業を事業所配置、輸送、建築の面で後押しして、こうした形の都市開発を促進した。関係政府機関のどれかがこの流れから脱しようとしても、リスクが高いか実現性がないと思われたことだろう。成長の方向性変化には、まちがいなくある程度の協力が必要だったが、そうした変化が本気で検討されることは一度もなかった。これは今世紀初めから一九三九年までのイギリス都市開発の物語だ。それはまた、高速輸送の利用増大と国民の生活水準向上とが郊外脱出を強化し、おかげで都心部では商業拡大が続いたにもかかわらず、荒廃が生じてしまうほどになったという点だけがちがってはいるが、アメリカの都市開発の物語でもある。それは明らかにハワードの希望を裏切る物語だ。でも、それがかれの提案を否定するものではない。それどころか、こうした提案にしたがうだけの知恵があれば、都市社会への莫大な被害は避けられたかもしれないということが、いまや明らかになりつつあるのだ。

歴史はあらかじめ決まっているものではない。まちがいなく出来事には偶然が入り込むが、人類の意志や、人類の道徳や知恵も同じくらい関係してくる。確かに、適切な場所で決定的な瞬間に、適切な人々に対して気高く決然とした意志があったりなかったりすることには、偶然の要素があると言ってもいいだろう。でもハワードのインスピレーションと主体性と、アンウィンの公共精神と計画者としての天才ぶりが、イギリス政府やロンドン郡政府の指導者の一人、二人における勇敢な政治家ぶりとして一九〇〇年から一九二九年にかけて生じていたなら、この記録はまったくちがっていたはずだと私はつい思ってしまう。

ハワードの発想がやっといま、40年にわたる黙殺と賢明さに欠ける都市開発の後に注目されつつあるとすれば、それは個々の人々がそれを吸収し、伝え、それを変わりゆく場面と関連づけたからだ。田園都市協会は、公的として計画の支持にも貢献し、この行政的な技法が一九〇九年ジョン・バーンズ法としてイギリスにやってくると、この協会は田園都市と都市計画協会に改名された。一九四一年に、都市計画技法が進歩して都市と地方部のレイアウトを左右できる可能性があるところまでくると、それは都市地方計画協会となった。あるときには、この協会は、ハワード個人が悲しんだことだが、郊外部の大幅な拡大を仕方ないこととして受け入れる寸前にまできた。でも、真の田園都市原理の大支持者たちによる確固とした中核部を欠いたことは一度もない。開発の流行に逆らってでもその本質的なアイデアを支持し続けたこの協会の指導者としては、故ハーバート・ウォーレン、G・モンタギュー・ハリス氏、G・L・ペプラー、ノーマン・マクファデン博士、C・B・パードム氏、リットン伯爵、ハームスワース卿、R・L・ライス大佐の名前を挙げたい（これは他の多くの人々に敬意を欠く意図はない）。戦間期の都市開発と政府の住宅政策が19世紀のトレンドを強化したときに、同協会が固執したのが主な原因となる、バーロウ王立委員会が招集されたのであり、その主要および副次報告の論調を決めたのは、協会がその委員会に提出した証拠だった。ハワードの本で初めて示唆された原理の真剣な全国的検討が本当に始まったのは、一九四〇年にやっとバーロウ報告書が発表されたときで、一九四〇年と一九四一年のドイツ軍による空襲で破壊された市街地の再計画の可能性に注目が集まったのだった。

その後、この問題についての世論の発展は驚くほど急速だった。ハワードの創設した協会は大きな問題について世間を教育する機会を捉えた。経済学者、社会学者、行政官たちもこの問題に開眼した。そして一九四四年には、政府は都市の混雑緩和の原理、産業や人口の「あふれた」部分を新しい生活と仕事のセンターに分散させること、そして中央部の広い範囲を残して、都市を分離させる――つまり「社会的都市」の章でハワードが予見していた、都市と地方の開発パターン――を正式に受け入れた。執筆時点では、一九四四年の都市地方計画法、つまり統合された所有権に基づく大規模開発と、もっとオープンな再計画と移転住民や企業の有機的コミュニティへの再配置に関する規定の原理に基づいた初の法制が、ちょうど可決されたところだ。そしてそうした原理の地元への適用や、まだ残る困難を克服するのに必要な追加の法制をめぐる全国的な議論が進んでいる。[*5]

ハワードの田園都市提案を構成するあらゆる要素が、近年には独自の支持者を得ていると指摘しておくのは興味深い。ただしその多くはハワードやその運動、他の部分の支持者たちを無視している。だから、イギリスでは幹線道路沿いにリボン状に住戸が貼り付いたり、素敵な場所に建物が散在したりするのに反対して、田舎の農村を保存しようというきわめて影響力の高い運動があった。別の強力な運動は、遊び場や空地への要求を専門としていた。別の運動は、コミュニティ生活の地元施設が必要だというニーズに応えたもので、アメリカではすでに長年おなじみだった「近隣住区単位」という理論をイギリスで広めた。別の運動は、開発の美的側面に注目して、個別の建物、街路、建物の集団の建築規制を訴えた。また住宅基準の改善、植樹、広告規制、煙の緩和、地方部の再活性化、道の美化などに専念する人々もいる。工業雇用が望まれる地域への工場立地を奨励するための工業「取引用地」の建設が政府機関によって行われている。こうした立派な目的のそれぞれが、世論に対して深いが個別の影響を与え、これらの支持者たちは過去数年で交流を増やしている。いまやその統合が実現されつつある中で、何

*5訳注　この序文が書かれてから一九四四年拡大ロンドン都市圏計画と、マンチェスター地域計画が発表されている。前者は田園都市の原理を内包する形で、大都市地域について完全に詰められた都市計画として初めてのものだ。マンチェスター計画は、実際の住戸密度を適切な基準にまで引き下げるのに必要とされる分散についての慎重な評価に基づいている点が注目される。

がもたらされるだろうか?　まさに本書で実に豊かに展開され、ハワードが創設した二つの田園都市に例示されている原理なのだ。

今度は、エベネザー・ハワードの生涯と人柄について少し述べよう。一八五〇年にロンドン市のフォア街62番で生まれたハワードは、小店主の息子であり、階級的にも教育面でも特に有利な点はなかった。15歳で事務員となり、つまらない仕事を転々として、21歳のときに友人2人と渡米した。その意図は農夫だった叔父の影響で、そこの土地に入植しようというものだった。ネブラスカ州のハワード郡に約65ヘクタール[*6]の土地を獲得し、仲間二人と掘っ立て小屋を建てて、トウモロコシ、ジャガイモ、キュウリ、スイカを植えたが気質的に農夫には向いておらず、この仕事で大失敗している。一時的に、渡米した三人の中でこの土地を活用できた一人に雇われていたが、1年以内にシカゴに行って、オフィス雇用に戻った。ロンドンでの事務員時代に速記を学んでおり、シカゴでは速記者の会社で働いていたハワードは、法廷や新聞の優れた記者となった。一八七六年にイギリスに戻ると、公式議会記者の企業ガーニースに所属し、一回だけ不幸な民間パートナーシップの試みを経てから、その後ずっとガーニースや同業他社で働き続けた。その生涯は常に重労働と低所得に見舞われていた。かれの関心が自分自身の経済的繁栄に真剣に向けられたことは決してなく、機械の発明と、そして創設して名声をもたらしたこの運動とに振り向けられていた。

*6訳注　原文では160エーカー。

一八七六年から九八年にかけて一度か二度、かれは自分の発明と、イギリスへのレミントン・タイプライター導入との関連でアメリカを再訪している。かれの発明は、たぶんその開発に擁した金額よりも少ない金額しかもたらさなかったはずだ。でもそれは人生の大きな一部であり、ほとんど常に、どこかに工房を構えて機械工に自分のアイデアに基づいた機械の構築を行わせていた。こうしたアイデアに取り憑かれると、かれは友人たちからその商業的な見通しについてどんな助言を受けても無視してそれにこだわり続け、そしてこれがかれの人格を知るうえで一つのヒントとなる。

一八七九年に、同郷人――ヌニートンの旅館主――の娘エリザベス・アン・ビルズと結婚した。彼女は傑出した人柄のレディであり、高い知性と趣味と、田舎に対する深い愛情を持っていた。娘3人と息子1人をもうけ、9人の孫ができた。永続的に経済的には苦しかったものの、その家庭生活は深く結ばれた幸福なものだった。ハワード夫人は一九〇四年、ちょうどレッチワース建設が始まっていたときに他界したが、ハワードがそのアイデアを発達させ、本書を書くにあたり、彼女の相補的な関心と賢明な相談が多くの支援となったことはまちがいない。本書の刊行と彼女の死の間の短期間で、彼女はあらゆる報道から見て、かれの提案についてハワード自身に次ぐ最も効果的な伝道師だった。

若きハワードは暇をみては、非国教会派の信徒や非正統派宗教家の集団に熱心に参加するようになった。こうした集団は、他の穏健改革派と重なる集団であり、当時かれらはもっぱら土地の問題に注目していた。ヘンリー・ジョージ国王の単一税制、土地国有化など、貧困や土地の窮乏に関する土地所有や地価に関連した多くの提案が、こうした集団にとって精神的な糧となっていた。ロンドンとアメリカの間の往き来や、報道での経験、事業面でのつながりなどは、ハワードに各種の問題に関するよい背景知識を与えてくれただろう。読書家ではなかったが、かれは自分の特別な関心に関係することであれば、身の回りに起こるあらゆることに対する鋭い目を持っていた。

創造的な仕事というのは常に、ある人物の心の中で、他にはまったく関係のない出所からの材料が合成されることで生じる。だからハワードの特徴的なアイデアを、どれか一つの影響だけにたどるのは誤解のもとだ。ハワードの心の中で蓄積されていた電荷を「放出させた」本と言えるものがあるとすれば、それはエドワード・ベラミーの『顧みれば』だ。そのアメリカ版が一八八八年にかれの興味をかきたて、ハワードの尽力もあってそのイギリス版が刊行されることになった。今日の懐疑的で高度な学徒から見れば、この本はきわめて機械論的で政治的にも未成熟なユートピアに思えるけれど、これは台頭しつつあるイギリスの労働階級運動のインスピレーションの源として、一般に思われているよりも大きな役割を果たしている。その二つの基本的な想定——技術進歩が人類を尊厳にもとる苦役から解放できるということ、そして人類が本質的に協力的で平等主義的だということ――は、ハワード自身の楽観的な見通しの本質でもあり、そこにはプロレタリア的な遺恨や階級的な辛辣さもなく、ノスタルジックな反都市主義や反工業主義、大地に戻れ主義などは皆無だった。

ハワードがベラミーによる紀元二〇〇〇年の共同体主義的なボストンに関するビジョンを、当人自身の言葉で言えば「丸ごと鵜呑みにした」のは、ある程度の政治理論に関する純朴ぶりと、世事についての未経験ぶりの表れだということは認めよう。この点は、ハワード一人に限ったことではない。イギリス議会の議員たちですら、回想記などで、その輝かしい若者時代には同じことをやったと今後教えてくれることもあるだろう。ハワードはその後、このボストン人によるユートピアに対して急速に条件付けを行うようになっていった。この本の影響下で理想都市の着想がやってきたが、それは基本的に「社会主義的コミュニティ」としてのものだった。当初からそれは、地方部の土地のベルトを持つものとなり、農業を含むあらゆる産業はベラミーの夢と同じように集団的に行われ、万人のために行われるはずだった。でもすぐにハワードは(ネブラスカ州での体験を思い出したのかもしれないが)公共的な農業の困難を認識した。そしてここから次の発想が生まれた。農業は公有地で民間事業者が営むに任せ、価値の増分をすべて確保するようにしては? かれはそこからこの原理を工場、商店など他の事業にも拡張し、そしてここから、当初は理論的な思いつきだったものが、まったく実施可能な仕組みとして生じてきた。かれは町の規模の制限や永続的な地方ベルトといった発想を『顧みれば』から得たりはしていない。というのも、その本にはそんなものが出てこないからだ――とはいえ、ベラミーは確かに、その続編である『平等性』で、町と田舎についての同じ仕組みにきわめて近いところまできている。グリーンベルト原理に近いものは歴史をはるかにさかのぼれ、最も明確な記述としてはトマス・モア『ユートピア』がある。でもそれがどんな経路でハワードの着想に到達したかははっきりしない。これは田園都市の着想の中で、最も重要な中身の1つとして突出したものになりつつある。でも、最終的に登場した形での着想はハワード独自のものだ。それは、ハワード自身の言葉によれば「各種提案の独特な組み合わせ」であり、工業都市と農業的な後背地との間の望ましい関係についての、それまでのあらゆる著作家によるものと比べても、ずっと明瞭で定量化された仕組みを含むのみならず、その考案されたパターンに対する実務的なアプローチについて、よく考え抜かれた仕組みも含んでいる。

ハワードは――ここで強調しておきたいのは、かれは政治理論家ではなく、夢想家でもなく、発明家だったということだ。発明家は、まず考えうる新製品や道具についての着想を得て、それから紙の上でその設計を発展させ、自分が満たすべき条件に構造をどう適合させるかについて辛抱強く考え抜き、そして最後にモデルで実験して、その設計を現実に試してみるというプロセスに従って歩みを進める。本書の文章と図で見られるのは、紙の上での作業だ。ハワードの発明と、これほど複雑な社会経済的要素を含む問題を解きほぐした完璧さと判断力がそれでも驚くべきものなのは、かれがその図面や仕様をかくも単純なものにしたということだ。実験段階にきたら、もちろん設計はさらに発展と変更が必要になったが、それでも根本的にはしっかりしたものであり続けた。

ハワードの生涯については、語っておくべきことがもうちょっとある。かれは一九〇五年に自分の初の田園都市で暮らすようになり、その土地保有会社の理事をずっと務め、この町の公的、社会的、宗教的生活に活発的に参加した。一九二一年には第二の田園都市に引っ越して、一九二八年に他界するまでそこにとどまった。国際住宅都市計画協会の会長として、かれは世界中で名を知られて敬意を集めた。一九二七年にはナイトの称号を与えられた。一九〇七年に再婚し、その後妻はハワードの死後一九四一年まで存命した。

エベネザー・ハワードの記念碑は、レッチワースのハワード公園にある子供向けボート公園と、ウェリン田園都市にあるハワーズゲート（かれにちなんで名付けられた中央通り）の単純なレンガの記念碑だ。田園都市思想の発達と進歩に対する傑出した貢献に与えられるハワード記念メダルは、これまで（都市地方計画協会によって）、故サー・レイモンド・アンウィン（F.R.I.B.A.）[*7]、バリー・パーカー

*7訳注　イギリス建築家協会フェロー。

(F.R.I.B.A.)、サー・パトリック・アーバークロンビー教授(F.R.I.B.A.)、ノーマン・マクファデン博士(M・B)、ルイス・マンフォード教授(アメリカ)に授与されている。レッチワースでは、ハワード夫人記念会館が一九〇五年に、エベネザー・ハワードの先妻を記念するものとして建設された。

エベネザー・ハワードの田園都市提案を推進するための協会は、一九〇四年以降の様々な時期に、フランス、ドイツ、オランダ、イタリア、ベルギー、ポーランド、チェコスロバキア、スペイン、ロシア、アメリカで設立されている。そのほとんどは、都市地方計画全般を考える協会に置き換わったか、あるいはそうした組織に統合された。

ハワードの人格は、かれの驚異的な業績を知ってかれに初めて会う人々にとっては絶え間ない驚きだった。かれは極度に温厚で最も気取りのない人物であり、自分の外見など気にせず、内部に秘めた力の証拠を外に出すことはほとんどなかった。中肉中背でがっしりした人物であり、いつもいささか貧相な伝統的な服装をしていたので、群集の中でもまったくひと目をひかずに往き来できた。ハワードの業績を大いに称賛していたバーナード・ショー氏は、この「驚異的な人物」が「証券取引所でなら無視していいイカレポンチとしか思わない」「高齢の無名人」に見えたと述べたのは、真実をちょっと誇張したにすぎない。でもちがいのわかる観察者であれば、その人徳の気高さの徴に否応なく気がついただろう。最も特徴的な身体的特徴は、きれいで白い肌合い、見事なわし鼻の横顔、実に美しくて強力な話し声であり、若き日々にはアマチュア演劇のシェイクスピア役者として引っ張りだこだったというのもうなずける。かれは雄弁さの天与の才を持っていた。かつて彼を雇ったことのある、テンプル市の名士パーカー博士は、ハワードが説教師としても成功しただろうと述べたが、これはまちがいなくそのとおりだろう。かれは誰にも好かれ、特に子供たちには人気があった。

演台の上で、公的な人物としてのハワードは非常に印象深い存在であり、場を圧倒するかのような人物だった。でも私的な生活とビジネス面では、その仲間たちはかれを無視しがちであり、それはかれが主導してその人々を巻き込んだようなプロジェクトの実施にあたってもそうだった。そのきわめて大きな部分は、ハワードが習慣的に、何かに没頭する傾向があったことだ。行政的な細部にはほとんど興味を示さず、他の人々はみんな自分で自分の面倒が見られるはずだと確信していた。その発明家精神は、速記の陰気な単純作業から逃れられていたときには、常に自分で自分に課した問題のまわりを巡っていたのだった。社会に対してすさまじい貢献ができたのもこの集中力のおかげであり、第一級の社会問題に取り組んだということ、その知性の静かな挑戦精神という事実、そしてさらに付け加えるなら、人格の価値に対する生得的な民主的共感と確信によるものだ。

ハワードの田園都市の発想は、今日だんだん台頭しつつあるが、必ずしもハワードの旗印の下ではないし、また改変からも逃れられてはいない。発明品が発展するにつれて変わるということは、ハワードがだれよりも熟知していたことだ。未来の新コミュニティが、ハワードが実に見事に考案してみせた、自発的な半協同組合的な仕組みで生み出されるかどうかは興味深い問題ではあるが、本質的ではない。その手法は、他の手法の中でもいまだに有益なものに成りうるかもしれないし、特にそれがハワードの示唆したように、敷地の公的な取得と組み合わされたならなおさらだ。イギリスでは、手法の問題の全体が法制化された都市地方計画の発達と、工業立地に関する公的な指導によって一変しつつある。都市部の行政による所有は、借地の条件によるそうした地域の有機的な計画と共に、すでに民間開発の公的なコントロールを補い始めている。地域や地方のゾーニングによる農地保全のおかげで、グリーンベルトをそれが取り巻く町と同じ所有下に置くべき必然性は弱まるのかもしれない。そしてまちがいなく、全国的に補償と改善料金を徴収する仕組みができれば、ハワードの田園都市財政の基盤は変わる。

ハワードの統合は実験のハードルと、世論による議論という質疑応答に耐えてきた。私はこれが、来る時代の都市計画における鍵となると信じている。その本質的な要素はすべて健在だ。穏健な規模の工業都市と交易都市とが、周辺の農業的な地方部に取り囲まれて密接につながり合っている。それぞれの町の中のゾーニングは、住戸、職場、商店、文化センターの間のアクセスを容易にするものとなっている。採光、庭園、娯楽空間を守るための密度制限はあっても、都市の拡散を招くほどではない。市民的デザインは、標準化よりも調和を目指す。内部と外部の通信も計画されている。そして統合された敷地所有権と借地を組み合わせることで、公的な利益と選択や事業の自由とが和解できる。

おそらくロンドンなどの巨大集積地の既存密集建築地域の場合には、こうした要素のうち、最初のものの改変が必要になるだろう。こうした都市のインナーシティ部分では、ハワードのいなかベルトは否応なしに、狭い公園地域か、ロンドン郡のためのフォーショウ・アーバークロンビー計画で示唆されたような公園の「周縁障壁」にまで引き下げられてしまうかもしれない。この私自身も、大都市の混雑に対する脇からの攻撃というハワードの大計画については疑問を抱いたこともあった。厳しい農業ゾーニングにより、都市の継続的な外側への拡大を止められ、再開発においては全国的な密度基準でその進歩的な外への開放を確保できるなら、そうした手順のほうが私にはあまり災厄的ではなく、もっと人道的に思える。イギリスでの最近の都市計画思想は、ウスワット委員会の見事な貢献[*8]も含め、過剰な密度の土地利用を減らすための補償において、それに必要となる大金の少なくとも一部を、他のところで生じる地価上昇への課税で回収する方法を見つけようとしている。こうした方向でのアプローチは、論理的で公平なものではあるが、政治的に失敗しかねない。多くの人々はその財政的な実現性を真剣に疑

＊8訳注　ウスワット委員会は第二次大戦中にイギリスで招集された都市計画に関する委員会で、一九四二年の報告書は、空襲後の補償と再建が主眼ながら、その中で都市計画のあり方について検討を行っており、イギリス都市計画の基礎とされる。

問視しているし、実際に社会福祉にとって有害で、そもそも許されるべきではなかったほどの土地の収奪に対し、国が全額補償を支払うという社会正義も疑問視されるものだ。

理論的にはその中間をいく道筋が、もはや公共政策により承認されない土地利用については「時限措置」をかけるというものだ。これは問題全体に対するバランスの取れた解決策として、ウスワット委員会が示唆したものだ。でも補償と改善にそこそこ等しい方式で、しかも国とともに地主たちにも受け入れられる仕組みは見つからないかもしれない。一部の市当局の近視眼と、一部の地主利益の近視眼のおかげで、実際にはハワードが期待した都心部地価の崩壊が生じ、現代の支持者たちが提案した補償は得られないかもしれない。混雑した都市を外に大胆に開き、新しいコミュニティを建設することが必須だ。というのも大きな社会的力はいまやそちらを向いているし、過去半世紀の歴史を繰り返すには、問題があまりにはっきりしすぎたからだ。新しい開発パターンは必ずしも、ハワードがロンドンなどの大都市について予見した危機を待つ必要はない。人々は、計画的な混雑緩和とニュータウンへの分散によりそうした危機を事前に回避できるし、補償改善費の徴収は、関係者が合意できればその推移を大いに楽にしてくれるだろう。大量の新コミュニティをつくり、かなりの産業を混雑した都市から（たとえば国の奨励や指導の下で）引き離すことが、そうした都心部で地価問題の解決になるという見方の点でハワードがまちがっていたかどうかは、どう見ても確実とは言えない。でも本書に書かれたこれを含む各種の問題や戦略についての留保は、その主要な主張の力をいささかなりとも弱めるものではない。

本書を読むにあたり、われわれは50年近く前の設計図を読んでいるのだということは忘れないようにしよう。驚異的なのは、その細部が色あせたということではなく、その中心部分がいまだにこれほど明晰ではっきりしているということなのだ。

用語について

田園都市という用語に限らず、都市地方計画のもっと広い側面に関する議論で使われている用語のほとんどは、人によってちがう意味で使われている。そしてその結果生じる議論の混乱が政策にも影響している。次第に、田園都市計画の要素が法制や公的な条例の対象となるにつれて、用語の標準化がもっと進むものと期待される。

田園都市　この用語を特定の都市の絵画的なあだ名として使うのはずいぶん昔から行われている。シカゴは（遠くから見ると実に驚くべきことだが）田園都市を自称している。その壮大な周辺環境を誇ってのことだ。クライストチャーチは、一八五〇年に創建され、ニュージーランドの田園都市と呼ばれる。公式名称に田園都市を冠した初の場所はどうやら、ニューヨークの郊外のロングアイランドにある場所で、一八六九年にアレクサンダー・スチュワートが創建したものだ。一九〇〇年になると、これらに加え、アメリカでは田園都市と名付けられる村や町が9ヵ所あった。いまいくつあるのかは知らない。ハワードは、この用語を庭園の中の都市——つまり、美しい田舎に囲まれた都市——という意味だけでなく、庭園の都市という意味も込めて選んだのだが、それを採用したときにはロングアイランドでのこの名称の使用については知らなかった。この用語が世界的に広まったのは本書のおかげだ。そしてある都市居住形態の記述としてこの用語が使われるときには、ハワードが与えた意味合いでのみ使われるべきだ。一九一九年に田園都市と都市計画協会は、ハワードと相談して短い定義を採用した。

「田園都市とは健康な生活と産業のために設計された町である。その規模は、社会生活の完全な手段を可能とするものだが、それ以上であってはならない。地方のベルトで取り囲まれねばならない。その土地はすべて公有か、そのコミュニティのために信託化されていなければならない」

田園郊外、庭園村落　この組み合わせだと、田園や庭園という言葉は単に、しっかりした計画の開放的なレイアウトを指すにすぎない。田園郊外を、「田園都市の線に沿って展開された」郊外と呼ぶのは誤解のもとだ（とはいえ善意の当局もこれをやってしまいがちだが）。郊外という言葉は、連続的に建て詰まった都市、町、市街地の周縁部分のための便利な呼び名として取っておかれており、したがってその間に入る地方部の土地とは分離されていないという含意がある。だからそのように配置され、住戸以外に地元住民だけを対象とした事業所も含むような地区は、ドミトリーや郊外住宅地と呼ばれるべきだ。そしてそのような配置で工業もある場所は、工業郊外地と呼ばれるべきだ。どれほど計画がしっかりしていても、そうした場所を田園都市とか衛星都市とか呼ぶのはまちがっている。村という言葉は小規模、戸建て、そして（私が思うに）主に農業基盤を持つニュアンスがある。庭園村落は、工場一つと関連した開放的な計画の住宅地を持つ小規模居住地の名称として使われている。でも、それが郊外地にあるのであれば、そうした名称をそのような居住地の一般名称として使うべきではない。

衛星都市　この用語が初めてイギリスで使われたのは一九一九年に、ウェリン田園都市のちがった名称としてだった――ウェリンは規模的にも他の市街地との分離の面でも、レイアウト的にも構造的にも、地元雇用の基盤という点でも真の田園都市だ。新しい用語を採用した理由は、まず田園都市という用語が、開放的な郊外や田園郊外を指すものとして誤用される例があまりに多かったこと。二つ目には、ロンドン大都市圏との特別な経済的つながりを認知するため。一部の都市計画関連著述家たちは、衛星都市という言葉をしっかりした計画の工業郊外地を指すのに使うことで、かつての混乱を浅慮により更新してしまった。衛星都市という用語は、大都市からそこそこの距離にあるが、その都市とは地方ベルトにより物理的に分離されている田園都市や地方都市を指すためだけに使うほうがいい。

田舎ベルト、農業ベルト、地方ベルト　こうした用語は同じ意味を持つ。これは都市のまわりと間にある地方部のまとまりを指しており、これにより都市はお互いに分離されている。こうしたベルトは主に永続的な農地や公園であり、そうした土地が市当局の所有下にあるかどうかは問わない。

グリーンベルト　もともとアンウィンが、地方ベルトのさらなる同義語として使ったものだが、この用語もまた建て詰まった大都市や大きな都市地域の部分を概ね取り囲む、細い公園緑地の狭い帯を指す用語として使われ、話がさらに混乱してしまった。そういう緑地は公園ベルトと呼ぶほうが適切だ。

分散化、拡散化、離散化　ごく最近まで、田園都市思想の支持者たちは混雑した都心部から人々や職場を分離した、小さめの都市に計画的に移動させるキーワードとして分散化という言葉を使っていた。アメリカではしばしば、都心部から都市地域のすぐ外縁部への自発的な移動を意味するものとしてこの用語が使われているが、この両者はまったく別物だ。最近では、離散化という言葉が前者のプロセスを指すのに使われている。そしてこの用語法がいまは標準的となっている。都市計画用語として離散化は、地方部への開発の大規模な広がりを指すものではない。そういうプロセスを指す専門的なラベルが必要なら、拡散化という言葉を使うほうがいい。分散化は、外部への移動すべてを指す一般用語として今でも使える。工業と住民の郊外地への移転を組み合わせたものには、私としては副都心化という用語を提案したい。

経験的に、私は都市計画用語が統一的な使われ方をするという見通しについて楽観的ではない。魅力的な名前が、魅力的な開発形態と関連づけられるようになると、急速に名声を獲得する。劣った財を売り込もうとしている人々は、そこに人気あるラベルをつけようとする。そしてやがて、その代替物につきまとう悪評がラベルの名声を引き下げ、そしてもともとのよい財の評判も下がってしまうのだ。これは田園都市という用語で起こった。いまは衛星都市という言葉にもそれが起こりつつあり、広大な都市集積に工業の突起物がついたらそれが衛星都市にされてしまっている。そしてグリーンベルトも同様で、気がつかずに踏み越えられてしまうような貧相な公園空間のリボンまでグリーンベルトと呼ばれてしまう。よい用語のこうした歪曲が、商業的、デマゴーグ的な利害によって引き起こされるのは避けられないのかもしれない。でも少なくとも都市計画文献ではそうしたものは避けるべきだ。

ウェリン田園都市
一九四五年九月
F・J・オズボーン

この版への序文

本書の一九四六年版以来、都市計画の学問、法政、実践の各面で大きな進歩が見られた。したがって当時の序文2篇は、本書でも改訂なしに収録したが（ただし13ページの脚注への改訂を除く）、ハワードによる一八九八年の文書と同じく、歴史的な観点から読まれる必要がある。この版では、一九四六年以降起こったことについて、以下の短いメモを追加する余裕しかない。

一九四六年、イギリスニュータウン法の下で、おおむねハワードの田園都市の定義にしたがうニュータウンが20ヵ所ほど創設された。すでに完成に近づいているものは、居住地としても、現代産業の効率的なセンターとしても驚くほどの成功を見せている。さらに、全体として見ると、これらは国の投資として十分以上に採算が採れている。これらは肥大しすぎた都市の混雑緩和を行い、都心部の更新をもっと広々とした人間的な基準で行えるようにするため、保護されたグリーンベルトの向こうにあるニュータウンに、人々や職場を計画的に分散させるというのが実用的だと示す実証として、世界中の注目を集めている。

都市計画は政府の大きな機能となり、地域計画や国土計画へと拡大している。

それらが直面する多くの問題の一つは、都市と地方部の人々やその活動の健全で、快適で、効率的な配分を行うための、産業立地やオフィス事業所の制御または誘導だ。ルイス・マンフォードの序文で述べられた、人口減少の恐れは、恥ずかしいほど急速な人口増の見通しに取って代わられ、これはニュータウンの必要性をさらに高めた。実際これと、一八九八年以来の社会と思想における他のほぼあらゆる変化は、ハワードの主張の有効性を裏付けるものとなっている。

一九四六年版の文献一覧は、田園都市運動の初期の歴史に関心を持つ人々にとって、いまだに価値を持つ。いくつかの古い文献は、最近大量に登場している新しい刊行物から選んだものに置き換えたので、読者は最新の情報を得られる。こうした文献にはもっと詳しい参考文献が挙げられている。[*1]

一九六五年一月

F・J・オズボーン

＊1訳注　この文献一覧は、現代的な意義は少ないため、本訳書では省略した。

田園都市の発想と現代都市計画

『明日の田園都市』は、他のどんな本よりも現代の都市計画運動を導き、その狙いを変えるのに貢献している。でもこれは、古典の持つ伝統的な不運にも直面している。それを明らかに一度も読んでいない人々に糾弾され、そして十分に理解していない人々に受け入れられているのだ。人の生を中心とした文明を築くにあたり、サー・エベネザー・ハワードの有名な本を再刊するよりも時節を得た貢献はありえないだろう。

20世紀の開始にあたり、我々の眼前で2つの偉大な新発明が形づくられた。飛行機と田園都市で、どちらも新時代の先触れだ。前者は人類に翼を与え、後者はそこから地上に戻ってきた人々に、もっとよい住居を約束するものだった。どちらの発明も、もともとはあの傑出した多面的な技術者レオナルド・ダ・ヴィンチが考案したものだ。というのもかれは、鳥の飛行を研究して活用しただけでなく、ミラノの混雑とむさ苦しさを解消するために、5000戸を擁する都市のグループを10個建設し、それぞれを人口3万人に制限しようと提案しているからだ。その都市は、かれの別の場所の提案では、歩行者と馬車交通の完全な分離を実現し、

図1　エベネザー・ハワード、1923年

地方灌漑システムにつながった庭園を持つものとなっていた。

エベネザー・ハワードは、レオナルドには間接的にすら影響を受けていない。かれの手稿はいまだに英語で提供されていないのだ。むしろハワードは、一九世紀初期の著述家たちの伝統に連なる人物だ。土地改革者で、土地の国有化を目指したスペンス、一八四八年にモデルとなる工業都市の計画を刊行したジェイムズ・バッキンガム、遠くの土地の植民地化について、もっと系統だった計画が必要だと指摘したエドワード・ギボン。ウェイクフィールド、そして忘れてはならないもっと身近な批評的思考家であるヘンリー・ジョージとピョートル・クロポトキンだ。これらの人々の著作は、ハワード自身の直感や信念に深みを与えた。でもハワードはアメリカ訪問からも大いに刺激を受けている。そこでは、新しい土地に毎年のように新しいコミュニティが建設されるという絶え間ないスペクタクルが眼前に展開されており、ハワードは新しい出発の可能性に感銘を受けている。

ハワードが単なる夢想家だったなら、本書はエドガード・チャンブレス『ロードタウン』[*1]のようなおもしろい議論の対象にとどまっただろう。ロードタウンは、計画の物理的な公共設備に対して、はるかに優れた社会学者であるハワードが、社会経済的な仕組みに与えた優先順位を付与したものだ。でもハワードは、先人たるロックデールの協力者たちと同様に実務的な理想家だった。そして自分の思想に対する広範な関心を活用し、実験的な田園都市の契約と建設への支持を集め

＊1訳注　鉄道路線の上に高層（といっても三階建て程度）の建物をずっと続けた、線形高層都市の提案。

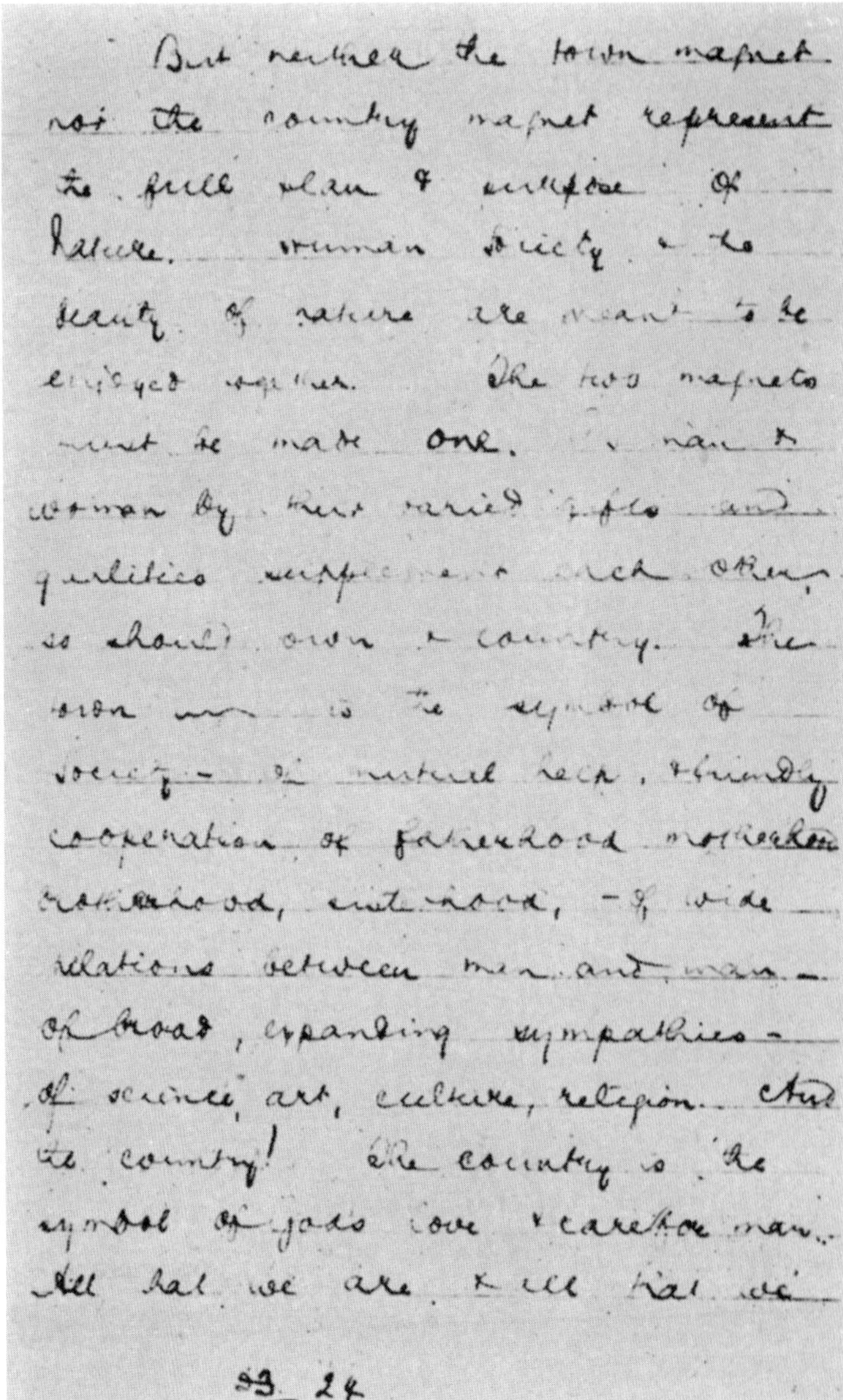

But neither the town magnet nor the country magnet represent the full plan & purpose of nature. Human society & the beauty of nature are meant to be enjoyed together. The two magnets must be made one. As man & woman by their varied gifts and qualities supplement each other, so should town & country. The town is the symbol of society — of mutual help, & friendly cooperation of fatherhood motherhood brotherhood, sisterhood, — of wide relations between men and man — of broad, expanding sympathies — of science, art, culture, religion. And the country! The country is the symbol of God's love & care for man. All that we are & all that we

~~33~~ 24

図2 『明日の田園都市』のハワードによる手書き原稿のページ

た。

田園都市におけるハワードのイニシアチブは、ライト兄弟とよく似ている。この類似性を強調するのは、それが田園都市を支持してきた人々ですらあまりに見過ごすことが多い、ある機能的な関係を指摘するものだからだ。というのも、もし飛行機が現在の形であれ将来考えられる形であれ、健康や正気や安全に対する脅威以外の何かになれるためには、そしてそれが現在の自動車のような日常生活の一部になるのであれば、それは大量の空地の広いベルトを備えた田園都市が支配的な都市形態となった場合に限られるからだ。

ハワードの理論的な主張と、その初の現実への適用であるレッチワース田園都市に、それが実現したすさまじい影響力をもたらした主導的な発想とは何だったのだろうか？　都市計画をめぐるイギリスとアメリカ双方の都市計画をめぐる議論で現在見られるような、大量の愚かしい憶測を見ていると、田園都市の唯一の特徴というのは、人口密度を1ヘクタールあたり30戸[*2]に引き下げるという、ハワードの計画と称されるものだと思ってしまいそうだ。こんなまちがいほどとんでもないものはない。この『明日の田園都市』のページをいくらめくっても、そんな提案はかけらほども見つからないだろう。

さらに、ハワードが何かのまちがいでそんな概念を考案したとしても、それが何か注目を集めたはずはまったくない。というのも、開放的な計画のほうが閉鎖

＊2訳注　原文では1エーカーあたり12戸。

的で混雑した計画よりも健全だという単なる示唆には、何も目新しいものや驚くべきものはないからだ。人々はそんな事実を中世に発見しており、郊外部の夏の別荘もそれに従ったつくりになっている。初期のニューイングランドの都市の多くでは、1ヘクタールあたり30戸というのはいささか過密に思えただろう。そして同じ事実が、一九世紀半ば以来建設されてきた、多くの英米の郊外部についても言える。

1ヘクタールあたり30戸がことさら田園都市と同一視できるというとんでもない発想は、過去300年の実際の都市の発展について、ほんの表面的な知識すらない人々しか思いつかないものだろう。開かれた計画と閉じた計画という話題そのものは、独自に理性的な議論の対象となりうるものだ。でもそこで何か結論がとりあえず出たとしても、それがどんなものであれ、エベネザー・ハワードが概説した田園都市の発想はまったく無傷だということがわかるはずだ。

ハワードが田園都市の旗を振っていたまさにその年月に実際に起きたことは、サー・レイモンド・アンウィンが経済的な観点からすら「過密からは何も得られない」ということを実証したということだった。この実証はまさに革命的なものだった。そしてそれは、強力で実に適切な影響を持った。

アンウィンは、住戸を密集させると費用が下がるというまちがった発想の下で無用な街路をくり返し、人々の庭園空間を奪うことで、巨額の費用が無駄になったことを示した。ここからかれは、一ヘクタールあたり30戸という基準を記述し、それをレッチワースに導入して、後に保健省の主任建築家になったときに公共住宅に適用したのだった。アンウィンの発見をハワードに帰属させるのは、どちらの人物にとっても公平とは言えない。

開かれた都市計画と閉じた都市計画の問題を避けていると思われないように、ここでついでに言っておくと、アンウィンの90～120人／ヘクタール[*3]という人口密度は、たとえばロンドン郡計画が仕様した340人／ヘクタール[*4]という人口密度よりも、私が重要だと思う基準に近い。でも、健康やよい生活と相容れる最大の数字が120人／ヘクタールだとは思っていない。だからアンウィンの基準を盲目的に機械的にあてはめようという試みはすべて批判に値する。もしこの立場についての支援が必要なら、ハワードの著書の中に見つかるだろう。

住戸密度の問題について言えば、エベネザー・ハワードの提案は保守的なほうだった。実は、それは中世から伝わってきた伝統的な規模に従ったもので、批判的な立場から言えば、それをあまりに忠実に遵守しすぎている。というのもハワードは具体的に、平均的な建物敷地は約6×40m[*5]で、最低でも6×30m[*6]だと書いている。この接道6メートルは、比較的奥行きの浅い、日照が完全に部屋に入るだけの開放性をもったよい現代的な連棟建築にはあまりに狭すぎる。でもここで提示された密度は、過密が起こるまでの伝統的な都市のものだ。たとえば6×30m

*3訳注　原文では1エーカーあたり36～48人。

*4訳注　原文では1エーカーあたり136人。

*5訳注　原文では20×130フィート。

*6訳注　原文では20×100フィート。

というのは、ニューヨーク市の典型的な敷地だ。1世帯5人だとこれは（街路の分も含めれば）だいたい住宅地225～250人／ヘクタール程度となり[*7]、いまの小規模世帯だと、人口密度は175人／ヘクタールとなる[*8]。

実際、計画の具体的な細部の面で、ハワードはまだその過去の時代の呪縛にとらわれていた。その水晶宮道は、ガラスの下の巨大ショッピング街を持ち、広大な空地に面しているが、これはエジンバラのプリンセス街を部分的に思わせる。でもそれよりもっと連想されるのは、H・G・ウェルズ氏による空想とは言わないまでも、初期ヴィクトリア朝バッキンガム宮のガラスに覆われた街路だ。ハワードは実際、一つ見事な技術的発明をしているが、これがその後の田園都市の発展によりほとんどだれにも気がつかれず、忘れ去られている。それがグランド・アベニューという着想だ。「全長約5kmのグリーンベルトを形成」するもので、それが町を2つのちがうゾーンに区分けするというのだ。こうした市内グリーンベルトで、都市の機能要素を区分するというのは、まだ完全には実現されていないパターンを示唆するものだ。それは、不肖この私が、一九三八年に都市地域公園委員会に提出したホノルルに関する報告（『ホノルルはどこへ？』）で提案されているものだ。

ハワードの偉大さは、技術的な都市計画の分野にあったのではないし、それは当人自身がだれよりも承知していた。この新種の都市についての具体的なスケッ

*7訳注　原文では1エーカーあたり90～95人。
*8訳注　原文では1エーカー70人。

チはすべて、自分が描いたのは単なる図式でしかなく、実際の都市はこの図式を実際の条件に合わせて適合させねばならないという警告が慎重につけられている。アンウィン氏とパーカー氏がレッチワース自体の設計にやってきたとき、かれらは機械的な紋切り型を避けようとして、ハワードの図式的な都市を再現しないよういささか頑張りすぎたかもしれない。アンウィンは中世ドイツの丘陵都市の曲がりくねった配置が大好きだったので、それがハワードの合理的な明晰さと将来を見通した提案と多少衝突していた面さえある。

でも記憶すべき重要な点は、田園都市が計画における定数項を扱っているということだ。その発想自体は、レッチワースやウェリンの成功や失敗により確立されたり滅びたりするものではない。また、後日似たような分析をすることになり、そして縄張り意識により中心的な発想に新しい名前をつけた人々が、ハワードの貢献をあっさり脇に押しやれるものでもない。端的に、他のあらゆる発明と同じく、ハワードの田園都市は、細部はその後の継続的な改良に開かれている。さらにこの発想が、ハートフォードシャーやバッキンガムシャーでもたらす都市と、カリフォルニア州サンバーナディーノ峡谷や、アメリカ北西部のコロンビア川峡谷沿いにもたらす都市とでは、種類がちがっている。ハワードがまさに実際面では社会学者で政治家であったからこそ、かれの提案はこうした普遍的な性格を持っているのだ。

ハワードの主要な貢献は、バランスの取れたコミュニティの性質を概説し、あまり組織だっておらず方向性も不明確な社会において、それを実現させるためにどんなステップが必要かを示すことだった。一方には成長しすぎ、過密になりすぎた大都市がある。これは健康面ではスラムによる罰を受け、その効率面では入り乱れた場違いな工業による罰を受け、何らまともな人間的目的を果たすことなく拡張された距離を財や人々を運搬するためだけに、すさまじい手間暇とお金の無駄を生じさせ、社会的な施設がないために荒廃しつつも、その中心的な機関においては、社会的生活の主要な組織形態を保有している。ロンドン、パリ、ベルリンといった都心、そして都市の規模でもっと小さいこれらの模倣都市の成長継続は、社会生活面でそれに対応する利得をもたらしていない。だからこそ、大都市の人口増と富の増加は、パラドックスめいたことに荒廃をもたらし、都市の歳入の相当部分は、衛生やスラムクリアランスといった高価な手法により荒廃を軽減するのに使われることになった。

これに対して地方部は、同じくらい貧窮している。能力とやる気に満ちた精神は、大都市の成長そのものによって吸い取られてしまっているのだ。ここには新鮮な空気、日照、快適な眺め、静かな夜など、大都市では希少な財となっているものがすべてある。でもその一方で、こちらには別の荒廃がある。人付き合いと協働的な努力の欠乏だ。農業は、地元市場の大半をなくして衰退産業となり、田舎町での暮らしは大都市のスラム生活に負けず劣らず陰険で不自由で悲惨なものとなっている。単一工業の開放的な地方部への分散化も、ここでは役に立たない。というのも人がバランスの取れた生活を送り、自分の能力をすべて活用し、それを完成させられるようにするには、それを完全に支えられる社会に暮らさねばならないからだ。ハワードの見立てでは――同時期にクロポトキンが宣言したように――必要とされていたのは町と田舎の結婚であり、しっかりした健康と衛生と活力と都市知識、都市の技術能力、都市の政治的協力の結婚だった。その結婚をもたらす道具が田園都市なのだ。

ここで再び、ハワードの計画を都市と田舎の区別を消し去って、茫漠とした郊外の塊にしてしまうものと混同する人々に対して警告を発しなければならない。ハワードの議論をたどるだけの辛抱強さを持った読者は、かれがそんな狙いを持っていないことがわかるだろう。それどころか、この計画すべては、そんなことが起こらないように防御する試みなのだ。

というのも田園都市は、ハワードの着想では、戸建て住宅の締まりのない果てしないスプロールなどではないし、風景のそこらじゅうに莫大な空地があるといったものではないからだ。それはむしろ、コンパクトで厳しく制限された都市のまとまりだ。田園都市の領域として含まれる敷地すべてのうち、都心部の400ヘクタール[*9]ほどは都市自体が占拠する。そして2000ヘクタール[*10]ほど

*9 訳注　原文では1000エーカー。
*10 訳注　原文では5000エーカー。

は農業グリーンベルトを形成する。その４００ヘクタールには3万人が暮らす。現在の混雑した公園もないロンドン郡では、グロスヘクタールあたり１４０人だが、この田園都市では74人だ。[*11] 田園都市内では公園は、１０００エーカーあたり9エーカー強という基準で提供されている。これはロンドンの新計画で示唆される4エーカーよりははるかに多いが、イギリス政府がいつも自慢する6エーカーと比べてそんなに大きくはない。ハワードの都市密度は、通常容認されるよりは高いと言えそうなほどだ。都市スプロールの支持者だという糾弾はあたらない。

ではハワードの独創性はどこにあるのだろうか？　それは特殊な細部ではなく、その特徴的な総合性にあるのだ。特に以下の提案にある。

都市の不可分な一部として使われる農業向けの永続的な空地ベルト、その土地を都市内部からの物理的拡散防止や、境界部分でコントロールされていない都市開発の侵入阻止に使うこと、行政自治体そのものによる都市用地すべての所有とコントロール、そしてそれをリースにより民間の手に渡すことで活用する手法、その地域に当初計画された人口の制限、都市の成長と繁栄により、その社会が稼いだのではない帰属利益の一部を事前に定めた上限までコミュニティに帰属させること、新しい都市地域にその人口の相当部分を支えられる工業を移転させること、既存の土地と社会施設が満員になったら、すぐに新しいコミュニティを創設

＊11訳注　原文では、それぞれグロスエーカーあたり57人と30人。

させる準備をしておくこと。

要するに、ハワードは都市開発の問題すべてに取り組み、単にその物理的成長だけでなく、コミュニティ内部の都市機能の相互関係と、都市と地方のパターン統合、都市生活の活性化と、地方生活の知的社会的改善にも取り組んだのだった。

地方部と都市部の改善を単一の問題として扱うことで、ハワードは時代のはるか先をいっていた。そして都市の荒廃についての診断家としては、いまの我々の同時代人たちよりも優れている。かれの田園都市は、大都市の混雑を緩和し、それにより地価を引き下げて大都市再建の道を開くだけのものではなかった。それは同じくらい、大都市の混雑の不可避的な相関物である郊外の住宅地をなくそうというものでもあった。そうした住宅地の開放的な計画といなかへのアクセスの近さは一時的なものでしかなく、工業人口と労働基盤の欠如のために、人類のためにつくられた環境としては極度に非現実的なものとなっている。ヴェルサイユやニンフェンブルクで自分たちのために外部と切り離された遊技場を構築した絶対君主たちの空疎さに対応する、ばかげた中産階級の対応物だ。ハワードの定義した田園都市は、郊外ではなく郊外のアンチテーゼだ。もっといなかの隠遁所ではなく、有効な都市生活のための、もっと統合された基盤なのだ。

ハワードは、既存の地方行政の枠組み内では都市問題の解決策がないことをみてとった。というのもその最大の問題は、周辺の地方部との社会的政治的なつながりがないことだったからだ。ここでかれのビジョンは、都市開発の何かたった一つの側面だけに没頭してしまい、自分が解決しようと選んだ狭い問題はそのたった一部でしかない大きな状況を忘れてしまった、地方行政改革者たちや住宅専門家たちのビジョンよりもずっと明晰なものとなっている。田園都市地域の中で、ハワードが町と地方の関係について述べていることは、都市計画と地域計画すべてに同じく当てはまるものだ。つくり出される行政単位は、地域の都市と地方の両側面を包含できるものでなければならないのだ。

ハワードの着想の中で、同じく重要な点は田園都市のグルーピングを強調したことだ。かれは単一の都市の利点は「町のクラスター」をつくれば何倍にもなることに気がついた。これは田園都市のまとまり、または星座だ。でもその決然とした実践的感覚により、かれは単一の田園都市で実験的な実証を行おうと提案した。多くの大胆な夢想家とちがい、かれは単にレッチワースを実現させる支援をしただけではない。やがて第二の都市ウェリンも創建した。一方でハワードが主張した着想は、世界中の都市計画課の共通資産となり、オランダのヒルヴェルスム計画、エルンスト・マイのフランクフルト＝アム＝マインの衛星コミュニティ、ヘンリー・ライトとクラレンス・スタインのラドバーンの計画にも影響することになる。

ここで、ハワードの政治家としての資質にも触れねばならない。というのもかれは、協同組合運動のJ・W・ミッチェルが政治家だったのと同じ意味で政治家だったからだ。そしてかれのライフワークは、イギリス国家体制の最良の性質を実証するものとなっている。というのも、ハワードのタイミングの感覚と見過ごした機会にもかかわらず、かれは我々の同時代人の多くとはちがって、合理的な計画や長期的なコミットメントを恐れなかったからだ。ハワードの精神は、イギリス精神の最良のものだ。常に実践的なものを離れず、常に理想から目を離さないのだ。かれは、実験的手法を信じ続けていた。そして、政治生活では、科学に負けず劣らず、重要な実験は実に大きな説得力を持つから、抽象的な仕組みに反対していた人々でも、それを指示していた人と同じくらいその発想を支持するようになるはずだと感じていた。「小さな問題を先に研究して、〔ヌンクァムの〕言葉を言い換えるなら『たとえば土地6000エーカーをもらって、それを最高の使い方で活用してみようではないか?』というのも、それに取り組んだ結果として、もっと大きな地域に取り組むだけの教育を自ら得たことになるからだ」。これこそ理性的な人間の採るべき考え方であり行動だ。この甘い理性の贈り物を使ってハワードはトーリー党とアナーキストたち、単一課税論者と社会主義者、個人主義者と集産主義者たちを、自分の実験に集わせようとした。そしてその希望は丸ごと敗北したわけではない。というのも共通の基盤を見つけようというイギリス人の本能に訴えかけることで、かれはしっかりした政治的伝統を活用していたのだから。

岡目八目ながら、ハワードの田園都市提案で驚かされるのは、新都市の外観をかれがほとんど気にせず、そうしたコミュニティを生み出すプロセスをこれほど気にしていたということだ。かれが支持を獲得したのは、都市美の華やかな絵を公開したり、この新しい環境では生活が見ちがえるほど一変するなどと喧伝したりしたからではなかった。かれは、すでに受け入れられている論戦に沿った具体的な改善を訴えた。かれが変化をもたらそうとしたのは「具体例の力によって、つまりよりよいシステムを設置して、さらに力をまとめて思想を操作するちょっとした技能によって」であった。このまとめて操作する点に、かれの思想家としての強みがあった。そして結論的な章の一つ「社会都市」では、かれは実験的な実証を超えた一歩を期待している。かれはこう指摘する。「鉄道は、当初は法制度なしにつくられた。とても小規模に建設された。（中略）でも『ロケット』が建設され、蒸気機関の優位性が完全に確立したら、鉄道事業が前進するには法制度的な力を獲得することが必要となった」

サー・エベネザー・ハワードは、当初これほどはっきり見据えていた第二歩を踏み出さなかった。高齢者のせっかちさをもって、かれは自分の当初の成功をもっと広い分野に広げる代わりに、それを繰り返そうとした。第二次大戦の終わりに、ハワードの若き副官であるF・J・オズボーン氏は、現在の住宅や再定住ニーズに相当する規模で「戦後のニュータウン」を建てるべきだと提案した。この提案には完全な法制度的な支援が必要となる。ハワードは第二の田園都市創建に没頭していたために、オズボーン氏が概説したこのもっと重要な作業にエネルギーを回せなかった。そして、住宅と工業の改修を都市改善と結びつけるという広範な政治的ニーズは、既存の自治体圏内での都市拡大や宅地開発という、ドロドロした無駄の多い試みに従属させられるものとなってしまった。

住宅とコミュニティ計画の問題をめぐる我々の思考が政治的なものになったのは、過去数十年のことでしかない。イギリスのバーロウ報告は、ハワードが高齢のために放棄したところから都市改良プロセスのバトンを引き継いでいる。いまや目下の重要な必要性は、都市建設のプロセスすべてを、サー・エベネザー・ハワードがもともと始動させた、地方経済と都市計画に関する本質的なイノベーションと連動させることとなる。

いまやようやく、新技術的、生物技術的な設備がハワードやクロポトキンの直感に追いついた。人口の流れを特定方向に向け、既存都心から新しい都心に振り向けるというハワードの計画、工業を分散化して郊外マトリックスの中に都市と工業の両方を配置するという計画、そのすべてを人間的な規模で行うという発想は、四、五十年前よりはいまのほうがはるかに技術的な実現性がある。というのもその間に、即時通信の新しい手段は激増したからだ。同様に、高速輸送の手段も激増した。そして80km離れた地点はいまや、田園都市の開発パターンが守られれば、過去の混雑した大都市における8km離れた地点同士と同じくらいの近さとなっているのだ。

その一方で、バランスの取れたコミュニティの必要性は高まった。というのも我々の時代の責務は、現在の地方部と同じくらい出生を促進し、結婚と子づくりに好ましい都市環境を考案することなのだ。ハワードは、本書を初めて書いたときには、人口減少の脅威を懸念する理由などなかった。でもたまたま――かれの発案の相対が実に有機的で、実に深く生物技術的だったために――かれが予見したような都市はまさに、住民たちが生物学的に再生産できて、心理的にもそれを求めようとするような場所だったのだ。過去の都市集中への傾向が続くのであれば人口の減少は避けられない以上、問題はイギリスやアメリカが田園地を建てる余裕があるかということではなく、むしろそれ以外のものを建てる余裕があるのか、ということになる。

ここまでは、ハワードの思想がその直接の周辺環境とどう関連しているかを論じてきた。でもかれが代弁している発想に国境はない。そしてかれが好んだ都市組織は、イギリスにとって重要なのと同じ理由でアメリカにとっても重要だ。そのアメリカの都市建設の伝統は、ニューイングランド地方の村落も含まれ、これはまさに当初は非公式な田園都市の一種だった。そこにはニューイングランド初期の工場町もあり、これはジョン・クーリッジ氏が示したように、都市計画の面でも住宅の面でも、いくつかとても立派な努力を体現したものとなっている。そして重要な点として、アメリカにはニューヨーク州やマサチューセッツ州のシェイカー教徒コミュニティから、ユタ州のソルトレークシティまで、高い物理的社会的基準を実現しようとする多数のユートピア的なセンターが存在している。一方、アメリカの工業や商業の中心の巨大な塊をつくり出した、あまりに不気味で社会的にも損害の大きい投機は、広大な荒廃地域をつくり出し、それがイギリスの空襲被災地と同じくらい、再組織と再建を求める光景となっている。

ここでもまた、正しい方向を向いた部分的な実験的試みが行われてきた。アメリカ船舶委員会が一九一八年に設置した各種コミュニティや、再定住局が一九三六年に創設した各地のグリーンベルトタウン、特にメリーランド州のグリーンベルト町などだ。でもイギリスの場合と同じく、改革者や政治家たちは市民と地方部の再建問題に対する総合的な取り組みを避け、スラム取り壊しと大量の住宅コミュニティ創設だけに専念してきた。そうした住宅コミュニティは、まさにそのつくりからして、明日のスラムとなるものであり、今すでにスラム化しているところさえある。ハワードが都市建設に適用したような根本的な思想がどこよりも必要とされているのがアメリカだ。そして、実験的な行動からもっと広い法制力へと進む必要性がどこよりも高いのもアメリカだ。

また、田園都市による分散化が必要なのは、アメリカの古い部分だけではない。ハワードの広範な計画は、アメリカでももっと最近になって定住が進んだ地域、特にカリフォルニア州と、太平洋北西部にこそ最も大胆に適用できるものだ。こうした地域では、人口を広大でメリハリに欠ける、ロサンゼルス、サンフランシスコ湾岸部、ポートランド、シアトルなどといった都市部に送り込むという傾向が、この地域の多面的な天然資源活用を遅らせるだけでなく、すでにスウェーデンやイギリス並みにひどく低下している自然出生率をさらに悪化させることになりかねない。

過去十年でアメリカで行われてきた、都市計画の要素に関する最も重要な思考は、おそらく全米資源計画委員会とその各地の州支部が行ってきた作業だろう。でもそうした作業に対する我々の準備がいかに乏しかったかを示すものとして、地域開発の問題が都市開発問題と切り離されてしまったという事実に勝るものはない。だからこの委員会による『私たちの都市』報告は、ほとんどすべて都市を自己完結的な存在として扱い、特に都心部だけに注目しているのに、資源や工業機械に関する報告は都市の周縁部で止まってしまう。この報告の検討者や計画者たちが、ハワード『明日の田園都市』で初めて表明された偉大な教訓を十分に吸収していれば、この報告書のほぼあらゆる部分がずっと意義深く、有効なものとなったはずだ。

ありがたいことに、この欠点をよい方向に向けるにはまだ手遅れではない。あまりに多くの何十億ドルもの費用が、狭くるしく立地も不適切な住宅や、大都市圏に人を送り込む見当違いの道路網や、派手に拡大した郊外や、計画のまちがったスラムクリアランスや再建につぎ込まれる前に、ハワードの本を未読の人々や、きちんとそれに取り組んでいない人々は、ハワードの理論を慎重に検討し、その含意をすべて吸収することが望ましい。これは専門の技術者だけに向けた本ではない。何よりも市民のための本であり、そのニーズや願望や関心を積極的に述べることで、都市計画者や行政官をあらゆる面で導くべき人々のための本なのだ。レッチワースやウェリン自体も、アメリカの都市計画者に与えてくれる教訓をいまだに持っているけれど、レッチワースやウェリンを創建した思想を蓄えている『明日の田園都市』は、それ以上に多くのことをまだ教えてくれる。ハワードのアイデアは、都市文明の新しいサイクルの基盤を敷いた。その新しいサイクルでは、生活手段は暮らしの目的に従属するものとなり、生物学的な生存と経済効率に必要なパターンも、同じく社会的・個人的な充実へとつながるものとなるのだ。

ニューヨーク州アメニア
一九四五年九月
ルイス・マンフォード

著者の序文

「反動の皮の下で静かに集結しつつある、新しい力、新しい渇望、新しい目標が、突然視野に飛び込んできた」

――J・R・グリーン『イギリス国民史』第10章

「変化は多くの場合、議論に議論を重ねて怒号がとびかって初めて生じるので、人々はそれが、ほとんどの人がまるで注意を払わなかった原因から静かに影響を受けていたことに気がつかない。ある世代では、攻撃不可能に思えた社会的な仕組みがあっても、次の世代では勇敢な人々がそれを攻撃し、そして三番目の世代では、勇敢な人々がそれを弁護するかもしれない。あるときは、きわめて理にかなった議論が推進されようとしてもいっこうに進まず、それどころかそれを口にすることさえ許されなかったりする。別の時代には、実に子供っぽい哲学論だけで、まともな議論が糾弾されてしまったりする。前者の場合、そうした仕組みは、純粋な理論だけから見ると、おそらくは弁護しきれないのだろうけれど、その社会の意識的な習慣や思考様式にマッチしていたのだろう。後者の場合、それはもっとも鋭利な分析ですら説明できないような影響によって変化してしまい、息を吹きかけただけで、その構造をひっくり返すに十分となったのだ」

――「ザ・タイムズ」一八九一年十一月二十七日

党派感情がとても強く、社会問題や宗教問題に大きな対立が見られる今日においては、国民生活と福祉に重要な関わりを持っていて、どんな政治党派や、どんな色合いの社会的見解を持った人であっても異論なく完全に同意するような、単一の課題を見つけるのはむずかしいと思うかもしれない。禁酒運動の話をすれば、ジョン・モーリー氏はそれが「奴隷制の廃止運動以来で最大の道徳運動」であると語るだろう。でもブルース卿はそれに対して「酒造産業は国庫に毎年4000万ポンドをもたらしているので、実際問題としては酒造産業こそがイギリスの陸軍と海軍を養っているといえるくらいだし、さらに何千人もの雇用を生み出している」――そして「絶対禁酒主義者でさえ、アルコール販売免許を持つ飲食店主に負うところが大きい。なぜならかれらがいなければ、水晶宮の軽飲食バーはとうの昔に閉店してしまっていただろうから」と注意を促すことだろう。アヘン貿易を論じれば、一方ではアヘンが中国人民の道徳律を急速に破壊しているという話が聞こえ、一方ではそんなのはまったくの思いちがいであり、中国人たちはアヘンのおかげでヨーロッパ人たちの想像もつかないような仕事をこなせるようになっていて、しかもその時の食物も、どんなに肝のすわったイギリス人でさえ嫌悪のあまり鼻をつまんで逃げ出すような代物ですむのだ、という議論も聞こえてくる。

宗教的な問題や政治的な問題は、しばしば人々を対立しあう党派にわけてしまう。このため、落ち着いた冷静な思考と純粋な気持ちこそが、正しい信念としっかりした行動原理に向かって進歩するために必須となるまさにその領域において、戦いの喧噪と、競り合う首長たちの抗争のほうが、いまだあらゆる人の胸をうつことが確実な真理への本当に真摯な愛や国への愛情よりも強力に、見守る人々に印象づけられてしまう。

しかしながら、意見がほとんど分かれることのない問題が一つある。それはほとんどありとあらゆる党の人々が合意している問題だ。それもイギリスだけに限らず、ヨーロッパ中もアメリカも、われわれの植民地でも合意されている。その問題というのは、人々がすでに過密となっている都市に相変わらず流入を続けており、そしてその一方で地方部がますますさびれていく、という問題である。

数年前に、ロンドン郡委員会の委員長を務めたローズベリー卿は、在任中にこの問題を特に強調してこう語っている。

「ロンドンについて、わたしは心中で誇れるものはなにもない。いつも、ロンドンのひどさにはうなされている。この高貴な川の岸辺に、まるで災害でもあったかのように、何百万人もがへばりついて、それぞれが自分のくぼみと独房の中で暮らし、お互いについての認識も知識もなく、お互いを気にかけることもなく、他人がどう暮らしているかについて、まったく見当すらついていない——数すら不明の何千人もの人々が、無思慮のままに傷ついているのだ。60年前に偉大なイギリス人ウィリアム・コベットは、それをたんこぶと呼んだ。当時それがたんこぶだったなら、いまはなんだ？　腫瘍だ。肥大したシステムの中に、地方部の生命と血と骨の半分を吸い込んでいる象皮病ではないか」（一八九一年三月）

ジョン・ゴースト卿もその邪悪さを指摘し、治療法を提案している。

「もしこの邪悪を永久に解決したければ、その原因を取り除くことだ。潮流を逆転させて、人々が街に流入してくるのをやめさせなくてはならない。人々を土地に戻すのだ。この問題の解決には、町そのものの利益と安全がかかっているのだ」（「デイリー・クロニクル」紙、一八九一年十一月六日）

ディーン・ファラーはこう語る。

「われわれは大都市の地となりつつある。村は停滞しているか、衰退しつつある。都市はすさまじく増大している。そして大都市がますます、われらが人種の肉体的な墓場となりつつあるというのが事実であるなら、家々がこんなに醜悪で、むさくるしく、排水も悪く、放置と汚物にまみれているのも不思議なことであろうか?」

人口学会議においてローデス博士は、「イギリス農村部から生じている移住」に注意を呼びかけた。

「ランカシャーなどの製造業地域では、人口の35%が60歳以上であるが、農業地域ではそれが60%を超えている[1]。掘っ建て小屋の多くはあまりにひどい代物で、家とすら呼べないものだし、人々は肉体的に衰弱しきっていて、まともな体の持ち主ならできるはずの仕事量をこなせない。農業労働者たちを改善するために手をうたなければ、農村部からの脱出は今後も続き、それが将来どんな結果を生むかについては、かれは口に出そうとさえしなかった」

(「ザ・タイムズ」一八九一年八月十五日)

マスコミも、リベラル派も急進派も、保守派ですらこの時代の深い病状について、同じ危機感を持って見ている。一八九二年六月六日付の「セント・ジェームズ・ガゼット」はこう書いている。

1編注　この引用は原文のままだが、どうも小数点の位置がまちがっているようだ。一九三九年には、イングランドとウェールズの都市部における65歳以上人口比率は8・77%だった。ロンドン大都市圏では8・33%で、地方部ではこれが10・3%だった。

「現代の生活における最大の危機に対し、まともな特効薬を提供する最前の方法はなにかという問題は、なみなみならぬ意義を持った問題である」

一八九一年十月九日の「スター」紙はこう書く。

「地方部からの移住をどう止めるかというのは、現代の大問題の一つである。労働者たちを土地に戻すことはできるかもしれないが、地方の産業をイングランドのいなかによみがえらせるにはどうしたらいいだろうか」

数年前に「デイリー・ニュース」紙も、「われらが村落の生活」と称して同じ問題を扱った記事シリーズを発表していた。

商業組合の指導者たちも、同じ警告を発している。ベン・ティレット氏いわく、「手は仕事を求めて腹をすかし、土地は労働を求めて飢えている」

トム・マン氏の見解はこうだ。

「都市部の労働力過剰は、主に地方部から、土地を耕すのに必要とされた人々が流入してきたために生じている」

つまりこの問題が重大であることには、誰もが同意している。みんながその解決法をなんとか見つけようとしている。これに対してどんな対処法を提案しても、それについてみんながこれほどまで同意してくれると考えるのは、まちがいなく空想的ではあるのだけれど、これほどまでに重要とみんなが考えている問題について、出発点に関してはこうした合意があることを確認しておくのはきわめて大事なことだ。この現代における最も火急の問題に対する回答が、われらの時代における最高の思考家や改革者たちの才能をしぼりつけてきた、ほかの多くの問題も比較的かんたんに解決するものだと示されれば——そしてそれは、本書で議論の余地なく示せると思う——なおさら特筆すべき、希望に満ちたしるしとなるだろう。そう、人々を土地に戻すにはどうしたらいいかという問題——あのわれらが美しき土地、空の天蓋、そこに吹き寄せる大気、それを暖める太陽、それを濡らす雨露——まさしく人類に対する神の愛を体現したもの——こそが、まさにマスターキーなのである。なぜならそれは、ほんのすこししか開いていないときであっても、不摂生や過剰な労働、いたたまれぬ不安、どん底の貧困といった問題に、光を大量に投げかける戸口への鍵と見なせるからだ。そして政府介入の真の限界、さらにはさよう、人間と至高の力との関わりといった問題に対する鍵にすらなりうる。

一見すると、この問題——人々を土地に戻すにはどうしたらいいか——の解決に向けてとるべき第一歩は、これまで人々の大都市集中へと結びついた無数の原因について慎重に考えることだと思える。もしそうなら、最初にとても長期にわたる調査が必要になるはずだ。だが著者にとっても読者にとってもありがたいことに、そのような分析はここでは必要とならない。その理由はとても簡単で、次のように表現できる。人々が都市に集まってくるとき、過去にどんな力が働いて、いまどんな力が作用しているにせよ、そうした原因はすべて「魅力」のひと言にまとめてしまえるのである。したがって、どんな対処方法であっても、それが人々(少なくともそのかなりの部分)にいまのわれわれの都市より大きな「魅力」を示さなくては、有効に機能するわけがない。古い「魅力」を新しくつくられる新しい「魅力」が凌駕しなくてはならないわけだ。それぞれの都市は磁石だと思えばいい。それぞれの個人は針だ。こういうふうに考えると、いまのわれわれの都市よりも大きな力を持つ磁石をつくる方法を見つけなければ、人口を自発的かつ健全に再配分するのには有効ではありえないことがすぐにわかる。

こういう見方をしても、問題は一見すると解決は不可能とはいわないにしても、とても困難に思えるだろう。みんなつい聞きたくなるはずだ。「いなかを、市井の人々にとって都市よりも魅力あるものにするなんて、できるわけがない——賃金を、少なくとも物質的な快適さの水準を、都市よりいなかのほうが高いものにするなんて。大都市以上とはいわないまでも、それに匹敵するくらいの社会的交流の可能性を確保し、平均的な男女の向上の見込みを都市で享受されているものと同水準に保つなんて！」と。この問題は、これときわめて似た形式でたえず提示されている。この問題は一般メディアでも絶えず取り上げられ、ありとあらゆる形式の議論の種となっている。その論調だとまるで、人類、少なくとも労働者は、一方では自らの人間社会に対する愛を押し殺すか――少なくとも、寒村で見つかるもの以上の人間関係に対する愛情は押し殺すか――さもなければもう一方では、いなかのすばらしく純粋なよろこびをほぼ完全にあきらめるか、そのどちらかの選択や代替案しかないし、これからもそれ以外はありえない、とでも言うようだ。まるで労働者がいなかに住みながらも、農業以外の仕事に従事することは、いまもこれからもまったく不可能であり、経済科学の終着点が混雑した不健康な都市だとでも言わんばかりであり、農業と工業の間にはっきりと分割線が引かれているわれわれの産業の現状が、いつまでも続くしかないとでも言わんばかりに、万人が思いこんでしまっている。

この誤謬は、目の前に出されたもの以外の代替案の可能性を完全に無視するという、よくあるまちがいなのだ。実際には、選択肢はみんながいつも考えているように二つ――つまり町の生活といなか生活――しかないわけではない。第三の選択肢があり、そこではきわめてエネルギッシュで活発な町の生活の長所と、いなかの美しさやよろこびのすべてが完全な組み合わせとなって確保されるのだ。そしてこの生活を送れるという確実性が、われわれみんなの追い求める効果を生み出す磁石となる——人々は混雑した町を自発的に出て、優しき母なる大地の腹部に戻るのだ。そこは生命とよろこび、富と力の源となるだろう。だから町といなかは、二つの磁石と考えることができる。どちらも人々を引きつけようと努力している——このライバル関係に、両者の性質を兼ね備えた新しい生活形態が参加しようというわけだ。これは「3つの磁石」の図によって示せる。この図では、町といなかの主な長所が、それぞれ対応する欠点とともに描かれているが、「町・いなか」のメリットは、その双方の欠点から逃れているのである。

町磁石は、ごらんのとおり、いなか磁石と比べて高賃金、雇用機会、魅力的な生活向上の見こみなどを提供するが、これは高い家賃や物価によってかなりうち消されてしまう。そこでの社会的な機会や娯楽場所はとても魅惑的だが、過酷な労働や職場までの距離、そして「群衆の中の孤独」が、こうした長所の価値を大幅に低下させてしまう。街灯の明るい街路は、特に冬場にはすばらしく魅力的だが、日差しがますます閉め出され、そして空気があまりに損なわれているために、立派な公共建築がスズメともどもすぐに煤まみれになってしまうし、立派な彫像も泣いている。豪壮な大建築と、背筋も凍るスラムが現代の都市では相補的な特徴となっているのだ。

いなか磁石は、あらゆる美と富の源泉として名乗りを上げる。しかし町磁石は、きみは社交がなくてとても退屈で、資本がないからその贈り物もほとんど提供で

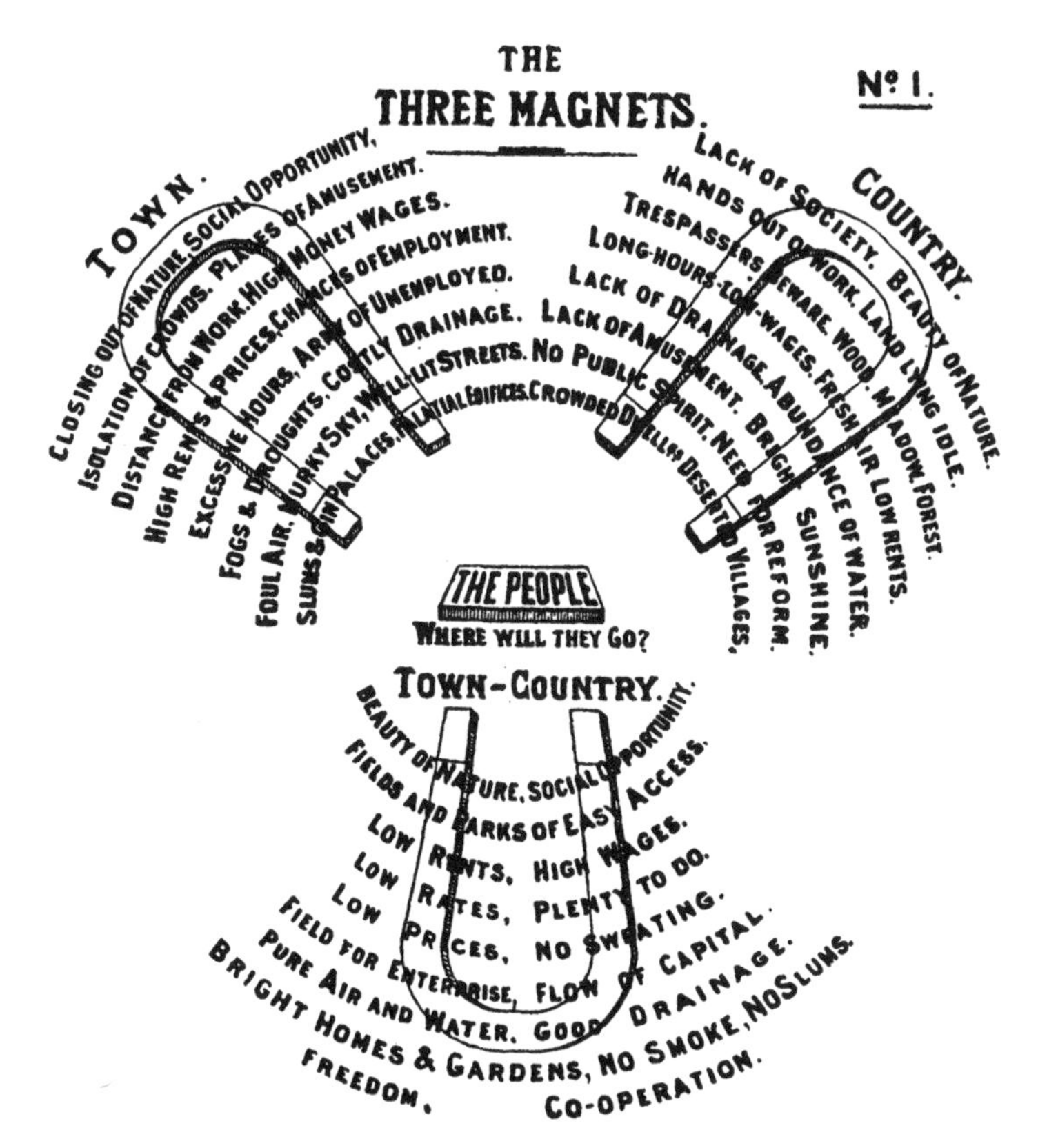

THE THREE MAGNETS

図３　３つの磁石

町：自然の締め出し、社会的な機会、群衆の孤立、おもしろい場所、仕事場から遠い、高賃金職、高い家賃や物価、雇用機会、長時間労働、失業者の群れ、霧や渇水、高価な排水、汚い空気によどんだ空、明るい街路、スラムやジン酒場、豪壮な建築

いなか：社会生活なし、自然の美しさ、仕事のない人々、遺棄された土地、無断立ち入り要注意、林・草原・森、長時間労働に低賃金、新鮮な空気と低家賃、排水皆無、水たっぷり、娯楽なし、明るい太陽、公共心皆無、改革が必要、混雑した住居、廃村

町・いなか：自然の美しさ、社会的な機会、簡単にアクセスできる草原や公園、低家賃、高賃金、低い税金、やることいっぱい、低物価、ゆとりの仕事、起業の機会、資金の流入、きれいな空気と水、よい排水、明るい家と庭園、煙もスラムもなし、自由、協力

人々：かれらはどこへ行くだろうか？

きないじゃないか、とバカにしたように指摘する。いなかには、美しい景色や荘厳な公園、スミレの香る森や新鮮な空気、流れる水の音がある。でも「侵入者は処罰される」というおっかない看板を目にすることも実に多い。地代は、エーカーあたりで計算すれば低いにはちがいないけれど、その低い賃料は、低賃金の自然な結果にすぎず、すばらしい快適さをもたらしてくれるものなどではない。一方で、長時間労働と娯楽の欠如のために、明るい日差しや澄んだ空気は人々の心を喜ばせない。唯一の産業である農業も、しばしば豪雨に苦しめられる。でも、この雲からくる雨というすばらしい収穫物がきちんと貯水されることはほとんどなく、渇水時には飲料水でさえ不十分になってしまうことも多い[2]。いなかの自然な健全さも、きちんとした排水などの衛生状態が整っていないために、多くが失われており、ほとんど廃村化したところでは、残った少数の人々はしばしば密集して暮らし、まるで都市のスラムと張りあおうとしているかのようだ。

　でも、町磁石もいなか磁石も、自然の計画や目的を完全な形で体現したものではない。人間社会と自然の美しさは、一緒に楽しまれるべきものだ。この二つの磁石を一つにしなくてはならない。男と女が、ちがった天分と機能によってお互いを補うように、町といなかも補い合うべきだ。町は社会のシンボルだ――助け合いと仲のよい協力、父性、母性、姉妹兄弟愛、人間同士の広いつきあい――広く拡大する共感――科学、芸術、文化、宗教のシンボルなのだ。

2　一八九四年四月二十五日、チェスターフィールドのガス・水道法について下院諮問委員会において、ダービーシャー郡委員会保健医療担当のバーワイズ博士は、質問1873に答えて以下のように証言している。「ブリミングトン公立学校では、せっけんの泡だらけの桶がいくつか見られました。子どもたちが体を洗う水は、全員の分がそれだけだったのです。おなじ水で、交代に体を洗うわけです。もちろんぎょう虫かなにかのようなものをもった子がいれば、すぐに全員に伝染させることになります。（中略）女そしていなかとは！　いなかは人間に対する神の愛と配慮のシンボルなのだ。われわれであるもの、そしてわれわれの持つものはすべていなかからきている。われわれの肉体もそれでつくられている。そして死ねばそこに戻る。それに養われ、服を与えられ、暖められて家屋を与えられている。その腹部にわれわれは休む。その美しさは、芸術や音楽や詩の源だ。その力は、産業のあらゆる車輪を動かす。あらゆる健康、あらゆる富、あらゆる知識の源である。でもそのよろこびと英知の全貌は、いまだに人類に明かされてはいない。

そしてこの、社会と自然との不道徳で不自然な分離が続くかぎり、それが明かされることは決してないであろう。町といなかは結ばれなくてはならない。そしてこの喜ばしい結合から、新たな希望、新たな暮らし、新たな文明が生まれるだろう。本書の目的は、「町・いなか」磁石をつくることで、この方向への第一歩を踏み出す方法を示すことである。そしてわたしは読者に、これがいますぐここで実現可能なものであり、しかもその原理は倫理的にみても経済的にみても、きわめてしっかりしたものだということを納得してもらいたいと思っている。

そこで、「町・いなか」ではあらゆる混雑した都市で楽しまれているのと同等、いやそれ以上の社会的な交流がいかにして楽しめ、しかも自然の美しさが、そこの住民一人一人を囲み、包み込むようになるかを示そう。高賃金がどうすれば低い地代や物価と共存できるかを示そう。万人にとって、雇用機会がたっぷりあり、

性教諭の話ですと、子どもたちは汗をかいて遊び場からもどってきたときに、みんなこのきたない水を本当に飲むのが見られたそうです。のどがかわいていても、ほかに飲む水がないからなのです」

向上の明るい見通しも確保できる方法を示そう。資本が引きつけられ、富がつくられる方法を。最高に望ましい衛生状態を確保するやりかたを。万人に美しい家と庭を与える方法を。自由の領域が広がり、しかも同時に幸せな人々によって、協調と協力の最高の結果がもたらされる方法を示そう。

こうした磁石の建設は、もし機能するようにできれば、当然のこととして同じものがもっとたくさんつくられるようになり、ジョン・ゴースト卿がわれわれにつきつけた火急の問題「潮流を逆転させて、人々が街に流入してくるのをやめさせなくてはならない。人々を土地に戻すのだ」に対する回答となるのはまちがいない。

このような磁石のもっと詳しい説明と、その建設方法を以下の章では述べる。

図4　エベネザー・ハワード　一八八五年頃

図5　サー・エベネザー・ハワード、O.B.E. J.P. 1927年、アイヴィー・ヤング嬢による胸像とともに（同年王立アカデミーで展示されたもの）

第1章　「町・いなか」磁石

「わたしは精神の戦いをやめない
剣を手の中でねむらせることもない
イギリスの快適な緑の大地に
エルサレムを築くまで」

――ウィリアム・ブレイク

「われわれの持つ家屋での、衛生的かつ矯正的な行動を通じ、さらにはもっと強力に、美しく、限られた形でまとまって、その流れや城壁で囲まれた範囲との比例を保たせるような建設をすることで、はびこるどうしようもない郊外はもうどこにもなくなり、市内では清潔で通行量の多い通りができ、その外には開けた田園が広がり、城壁のまわりを美しい庭園や果樹園のベルトがとりまく。これで都市内のどこからでも、完全に新鮮な空気や草原や遠く地平線の光景の見える場所まで、ほんの数分歩くだけで到達できるようになる」

――ジョン・ラスキン『胡麻と百合』

読者のみなさんには、約24km²*1を擁する広大な敷地を考えていただきたい。そこは現在は完全な農地で、公開市場では1エーカーあたり40ポンド[1]、つまり総

＊1訳注　原文では6000エーカー。

1編注　これは一八九八年に農地に支払われていた平均価格である。そしてこの推定値で、十分以上の土地が買えることはあっても、土地購入費がこれを大幅に上回ることはまずあり得ない。

額24万ポンドで購入したものだ。購入資金は、担保付き債券の発行で調達されていて、その平均金利は4％を超えないものとなる[2]。敷地の法的な所有者は、責任ある社会的地位を持ち、高潔さと名誉では非のうちどころのない紳士4名だ。この4名は敷地を、担保付き債券の担保として信託財産として持ち、さらにはそれを田園都市の人々のために信託財産として持つ。この田園都市というのは、その後そこに建設される予定の「町・いなか」磁石だ。この計画の重要な特徴の一つは、すべての地代（これは土地の時価に基づく）は信託管理人に支払われ、かれらはそこから（債券の）金利と元本返済用積立金を支払って、残金をその新しい自治体[3]の中央評議会にわたす。その金を使って委員会は、必要とされる公共施設すべての建設と維持管理を行う——道路、学校、公園その他だ。

この用地買収の目的は、いろいろな言い方ができるけれど、ここでは以下のようなものが主目的だといえば十分だろう。

工業労働者たちのために、もっと購買力の高い賃金をもらえる仕事を見つけてやり、もっと健康な環境と、もっと安定した雇用を見つけてあげることだ。各種の事業精神に富んだ製造業者や共同組合、建築家、エンジニア、建築業者、機械工など、さまざまな職業に従事している人々に対して、これは自分の資本や能力に対して新しく、もっとよい仕事が確保できるようにする。そしてその一方ではいまその敷地にいる農業従事者や、この先ここに移ってこ

2　本書で説明した資金調達方法は、形態としては別の形をとることもあるだろうが、基本的な原理の点では変わらないはずだ。そして確実なスキームが合意されるまでは、本書の原題である『明日（*To-morrow*）』に記載したとおりの形で繰り返しておくほうがいいと思う。この本をきっかけにして、田園都市協会が設立されたのだった。

3　ここでの「自治体」ということばは、法的に厳密な意味で使っているわけではない。

ようとする農業者に対しては、自分の家の近くで産物に対する新しい市場が開けるように考えられている。この用地買収の目的は、一言でいえば、どんな水準の者であってもあらゆる真の労働者たちの、健康と快適さの水準を向上させることだ――そしてこの目標を実現するための手段は、町の生活となか生活の健全かつ、自然で経済的な組み合わせとなることで達成され、これがその自治体の所有する土地の上で実現されるのだ。

田園都市は、この24km²の中心ちかくに建設され、4km²、つまり全体24km²の6分の1を占める。円形にしてもいいだろう。するとその中心から外周部までは1130mとなる。[*2] 図6は、自治体全体の敷地計画だ。中心に町がある。図7は町の一部、または区を描いたものだ。これを見ると、町そのものの説明を追うのに便利だ――ただしこの説明は単に、こんなものだろうという程度のもので、実際にはこれとはかなりちがってくるはずだ。

すばらしい大通りが6本――それぞれ幅員40m――が町の中心から外周部まで走り、町を6つの均等な部分に分けている。その中心には、2・2ヘクタールほどの丸い空間がとられ、美しくたっぷり水をやった庭園となっている。そしてこの庭園をとりまいて、それぞれゆったりと独立した敷地に、大きめの公共建築――市役所、主要コンサート講堂、劇場、図書館、博物館、画廊に病院――が建っ

*2 訳注　原文では1240ヤード。

— N°2 —

GARDEN-CITY

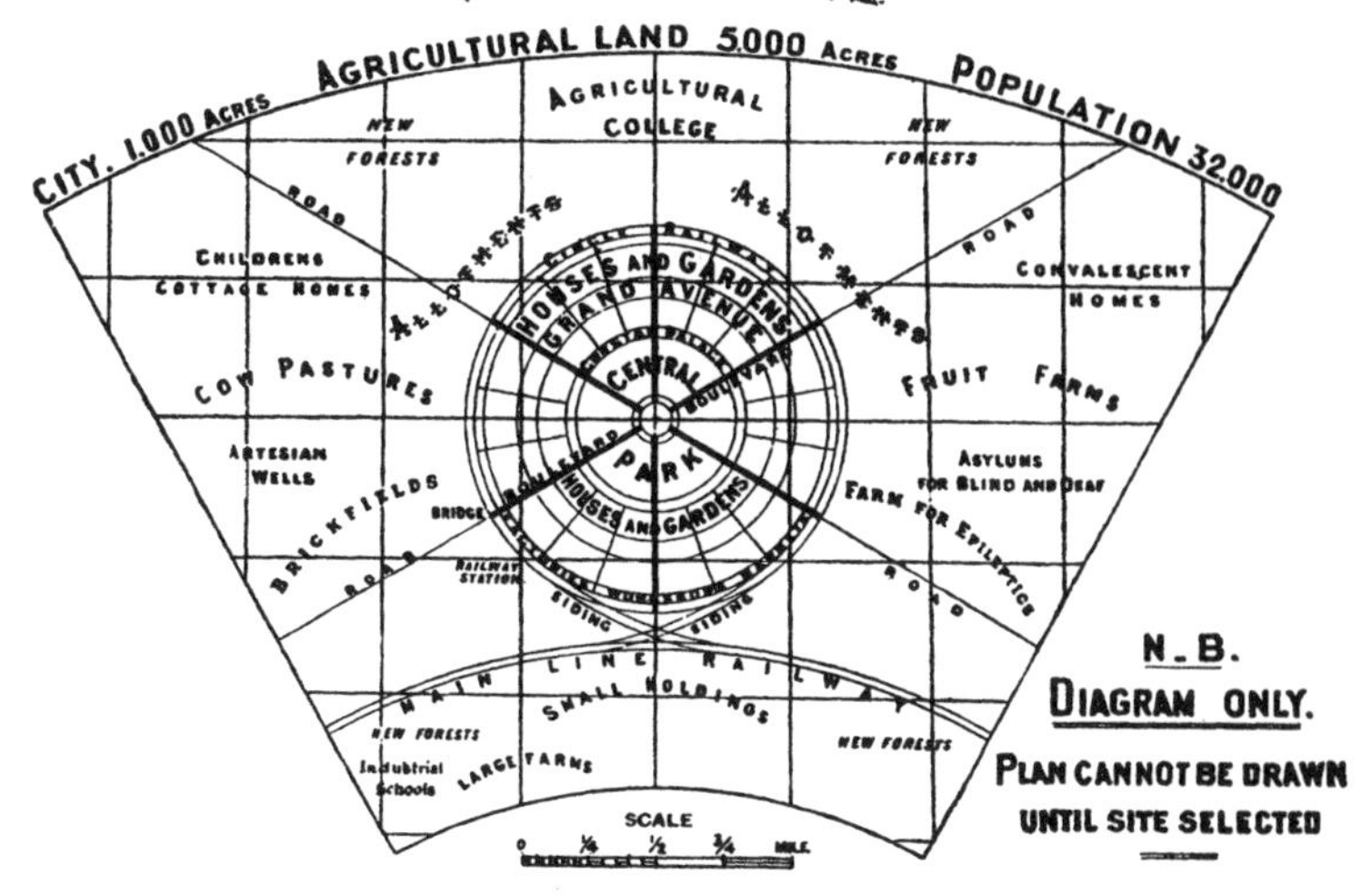

図6　田園都市の全体像

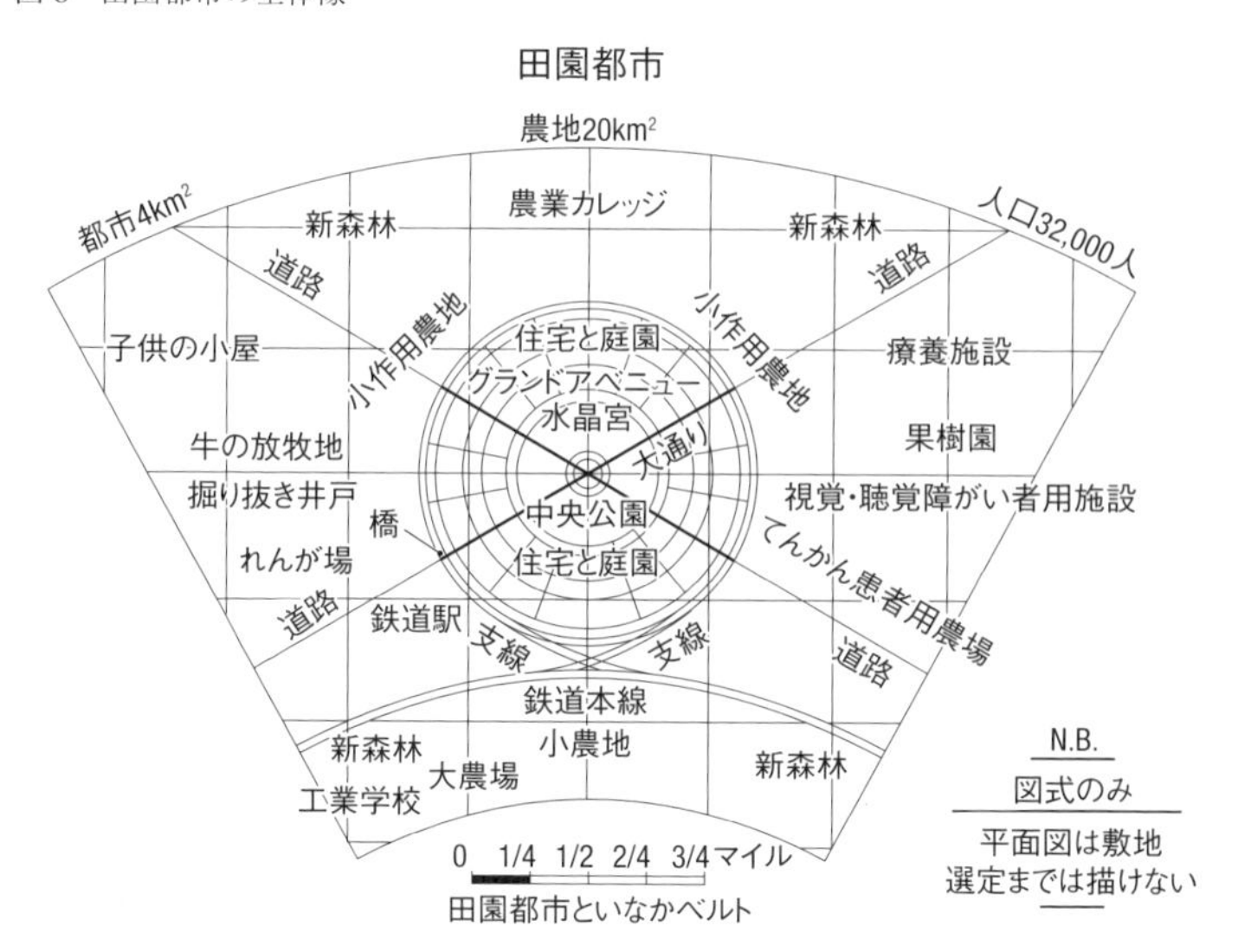

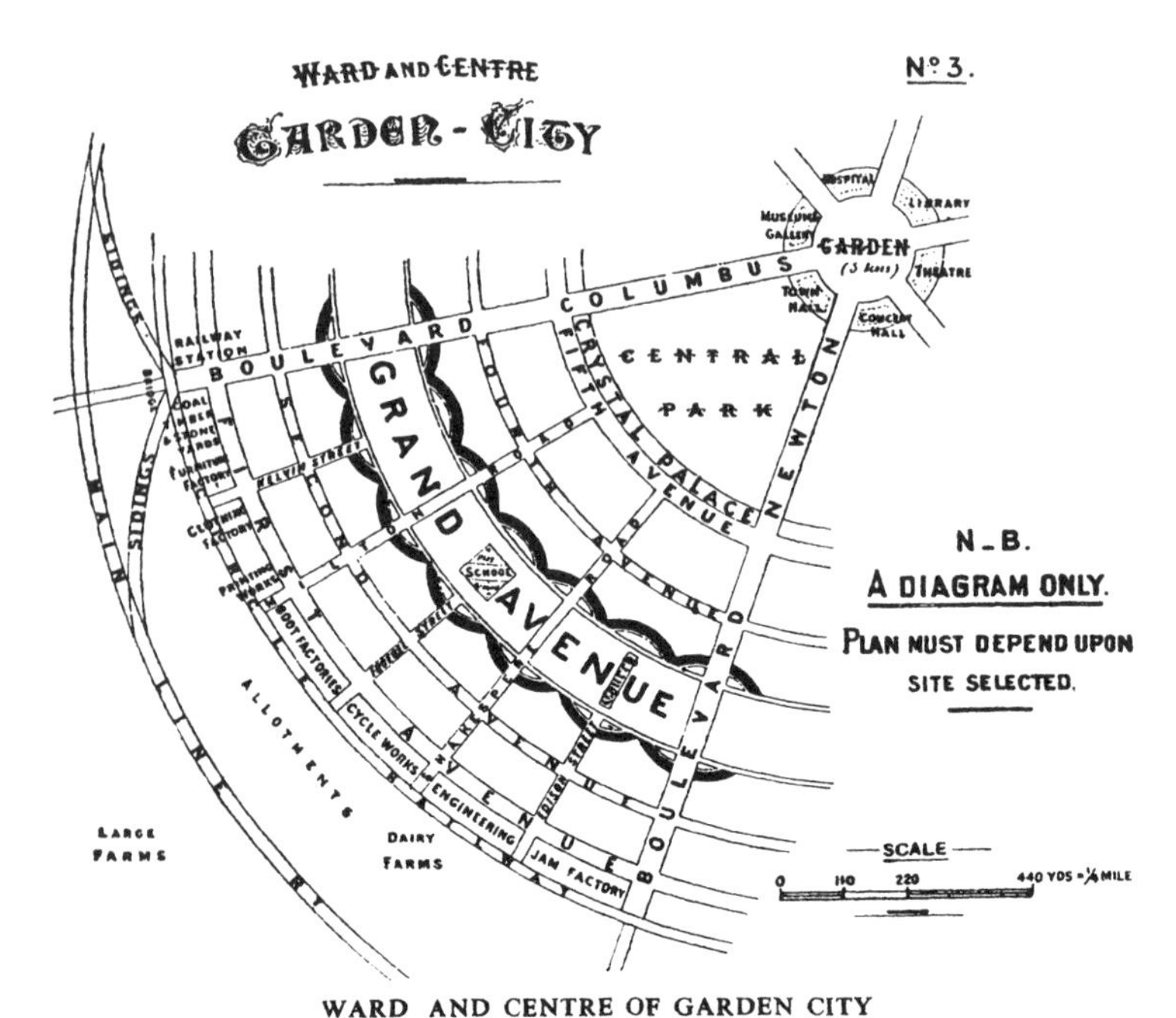

WARD AND CENTRE OF GARDEN CITY

図7　田園都市の中心部と公園

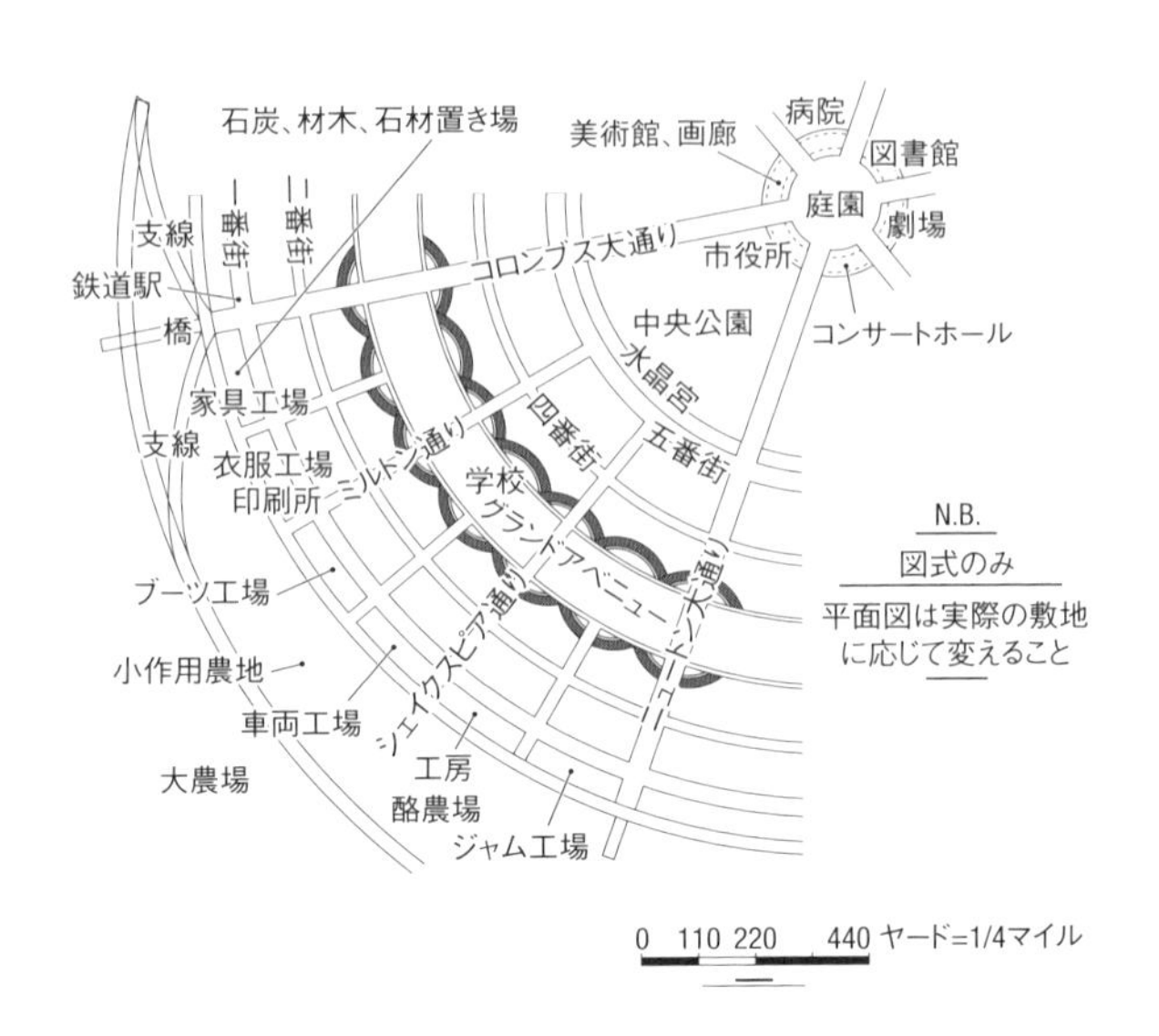

ている。

「水晶宮」に囲まれた広大な空間は、公園になる。58ヘクタールで、あらゆる人々がすぐにアクセスできるところに、たっぷりとしたリクリエーション用の場所を含んでいる。

中央公園のまわりをぐるりと（大通りと交差するところをのぞいて）取り巻いているのは、幅の広いガラスのアーケードで、これが「水晶宮」であり、公園のほうに開かれている。この建物は、雨が降ったときに人々のお気に入りの場所となるし、この明るい屋根が手近にあるということで、どんなに天候が怪しげなときにでも、みんな中央公園にくるようになる。この水晶宮では、製造業からの製品が展示販売されて、あれこれ迷って選ぶ楽しみを必要とするような種類のショッピングは、ほとんどがここで行われる。水晶宮の中の空間は、こういう目的に必要な面積よりもずっと大きく、そのかなりの部分はウィンター・ガーデン（温室）として使われる――その全体が、きわめて魅力的な常設展示を形成し、しかも円形なので、町の住人すべての近くにこれが位置することになる――いちばん遠い住民でも、600m以内にいることになる。

外周部に向かって水晶宮を過ぎると、五番街を横切る――この通りは、町のすべての通りと同じように、街路樹が植わっている――これに沿って、水晶宮と対面する形で、実にみごとに建てられた家屋がリング状に建っている。そのそれぞれが、独立した広い敷地に建っている。さらに歩を進めると、家は同心円上になって、いくつかの街路（環状の道路を街路と呼ぶ）に面しているか、あるいは町の中央から延びる大通りや通りに面して建っていることがわかる。この散歩に同行してくれている友人に、この小さな町の人口をきいてみよう。町の中だけだと3万人、そして農業地に2000人住んでいて、そして町には建物が5500棟あって平均の敷地面積が6×40m[*3]ほど——住宅用の最低敷地面積は6×30m[*4]ほどだ、と教えてくれる。家または家屋群が建築的にもデザイン的にもきわめて多様性に富んでいる——一部は共用の庭、一部は共同の台所をもっている——のを見て、壁面線を街路境界にきちんとそろえるか、あるいは足並みをそろえてセットバックすることが家を建てるときに重要視されるのだと教えられる。これについては自治体の政府が力を持っている。そして衛生上の配慮はきびしく適用されるものの、それ以外では個人の趣味や嗜好が最大限に奨励されるのだ、と教えられる。

さらに町の外周部に向かって歩くと、「グランドアベニュー」に出る。この通りは、その名に完全にふさわしいものとなっている。幅員は140m[*5][4]で、全長約5km[*6]のグリーンベルトを形成し、町の中央公園の外側部分を二分する。これは実は、50ヘクタールの公園がもう一個あるのと同じだ——どんな遠くの住人からも240m以内にある公園だ。このすばらしい街路の中には、それぞれ2

*3 訳注　原文では20×130フィート。

*4 訳注　原文では20×100フィート。

4　ちなみにロンドンのポートランド・プレイスは幅員たったの33mである。

*5 訳注　原文では420フィート。

*6 訳注　原文では3マイル。

ヘクタールの敷地が6つ置かれ、そこに公立学校とそれを取り巻く遊び場や庭園が置かれる。その他の敷地は教会用地で、どの宗教の教会かはそこの住民の信仰によるし、教会の建設費と維持費は、信者やその友人たちの資金でまかなう。見ると、グランドアベニューに面した家屋は（少なくとも一つの区では——それが図7に描かれた区だ）——一般的な同心円配置から逸脱している。グランドアベニューに面した壁面長を確保するために、家屋が三日月状に配置されている——これで見た目には、すでに壮大なグランドアベニューの幅員をさらに拡大する結果となっている。

町の外周リングには、工場や倉庫、乳製品店、市場、石炭置き場、材木置き場などがあって、これがすべて、町全体の最外周を囲む環状鉄道に面している。環状鉄道は支線を通じて、全敷地を通過する鉄道本線と結ばれている。この配置によって、物資が倉庫や工房から貨物車に直接積み込めて、鉄道で遠くの市場に送り出せるし、あるいは貨物車から直接、倉庫や工房に運び込める。これで梱包や輸送に関わる手間を大きく省けて、輸送中の破損からくるロスを最小化できるだけでなく、町中の道路の交通量を減らすことで、道路の維持管理費を目に見えて大いに減らせる。煙害は、田園都市では楽々と一定範囲内に抑えられている。なぜなら機械類はすべて電気で動いているからで、このおかげで照明その他用の電気料金は、大幅に下げられている。

町の廃棄物は敷地の中の農業部分で活用される。農業地はさまざまな個人によって、大農場、小農場、小農地、放牧場などとして保有されている。こうしたいろいろな手法の農業が自然に競合する。そしてそれは、市に対して納める地代を誰が最大化するかということで優劣が決まってくるため、農業のいちばんいいシステムを引き出すことになりやすい。というより、可能性としては、さまざまな目的に応じて決まってくる各種のいちばんいいシステム群が実現される、というほうがありそうだ。つまりすぐに想像がつくように、小麦はとても大きな畑でつくった方が有利なので、資本主義的な農民たちが連合して生産活動をするか、あるいは共同組合のような運営体が栽培することになるだろう。一方、野菜や果樹、花卉は、もっとこまやかで個別のケアが必要で、芸術的かつ創造的な才能が必要となるから、これは個人が行うか、あるいは特定の肥料や栽培方法、または人工・自然の環境の有効性について信念を同じくした個人の小集団が行うのがいちばんいいかもしれない。

この計画、というかもし読者がお望みであれば、この計画の不在と言ってもいいのだが、これは停滞や無駄の危険を回避しており、個人の主体性を推奨して最大限の協力を許す一方で、この形態のおかげで増えた地代収入は公共、つまりは市のものとなり、その相当部分は永続的な改良に費やされることとなる。

市域の人々は、さまざまな業種や天職や職業に従事しているわけで、各区にある店舗や売り場は農業従事者たちにとって、いちばん自然な市場を提供する。そして町の人が農家の産物を需要する限り、それは鉄道輸送費をまったくかけないですむ。でも農民などは、別に町だけが唯一の市場として限定されているわけではない。自分の好きなところに産物を卸す全権を持っている。ここでも、この実験のあらゆる面と同じく、権利の範囲は狭まることなく、選択の幅は拡大しているのだ。

　この自由の原則は、町の中に拠点を構えた製造業者などにも適用される。みんな、自分なりのやりかたで物事を管理運営する。もちろん、土地の一般法にはしたがうことになるし、労働者には十分な空間を与えて、適切な衛生状態を保つことは義務づけられる。水道、照明、電話通信などの分野についてさえ――もし効率的かつ正直であるなら、これを提供するいちばんいい自然な主体は自治体になるだろう――厳格で絶対的な独占が押しつけられることはない。もし、どこかの民間企業か個人集団が、町全体についてであれその一部についてであれ、供給を任されればもっといい条件でこれらを提供できることを示したなら、それは認められる。どんなしっかりした行動の体系よりも、人工的な支持が必要なのはしっかりした考え方の体系だ。自治体や企業による行動・活動の範囲は、おそらくは大きく拡大するよう運命づけられているはずだ。でももしそうであるなら、それは人々がそういう行動について信頼を抱いているからであって、そしてその信頼は、自由の領域が広く拡大されることによって、いちばんよく示される。
　この24km²の圏域の中には、さまざまな慈善施設やフィランソロピー施設が点在している。これらは自治体がコントロールするものではなく、開かれた健康的な地区にこうした施設をつくるよう自治体が招いた、公共心に富む人々によって支持管理されている。土地はかれらに、名目上の賃料だけで貸し付けられている。こうした施設の購買力は、コミュニティ全体に大きく寄与するから、そういう太っ腹なところを見せても十分にもとがとれるということが、行政当局にもわかるからだ。それに、この町に移住してくる人々は、国民の中でもいちばん活力と才覚に富んだ者たちとなる。だから、かれらよりもっとめぐまれない同胞たちが、もっと広く全人類のためにデザインされた実験のメリットを享受できるようになるというのは、まったくもって公正かつ正しいことなのである。

5編注　以下の引用が、一八九八年版の本書ではこの章の冒頭に置かれていた。
「喜びに満ちた人間の労働で豊かになった風景、なだらかな畑、美しき庭園、豊かな果樹園、手入れの行き届いた甘く数の多い入植地、活き活きとした存在の声が鳴り響く：こうした光景ほど持続的かつたゆみなく愛されているものはない。静まり帰った空気が甘いことなどない。それが甘いのは、背景に小さな音の流れがあるときだけだ——三羽からなる鳥の群れ、昆虫のつぶやきやさえずり、男たちの低い声、そしてかなたの甲高い子供たちなどだ。人生の技芸が学ばれるにつれて、それは最終的にはあらゆる美しいものが不可欠でもあることが理解される——手入れされた穀物だけでなく路傍の野の花、飼育された家畜だけでなく、森林にいる野生の花や獣たちも。なぜなら人はパンのみにて生きるに非ず、砂漠のマナによっても生きるのだから。神によるあらゆる不思議な言葉や不可知な御業によって生きるのだから」——ジョン・ラスキン『この最後の者にも』（一八六二）

第2章　田園都市の歳入と、その獲得方法——農業用地

「わたしの目的は、科学的知識に導かれ、独自の自由意志の行使によって実に整い、維持管理されたコミュニティの理論的な概略を提出することだ。それによりこのコミュニティは、高い衛生状態が本当に実現はされないまでもそれに近づくことができ、一般の道徳心が最低水準であっても、それと個人の最大限の長寿が共存できるようになるのだ」

——B・W・リチャードソン博士『ハイジーア：あるいは健康の都市』（一八七六）

「いたるところの排水設備が、その二重の機能をもって、それが運び去るものの再生を実現させれば、これが新しい社会経済データと組み合わさって、大地の産物は10倍増にもなり、そして貧困による悲惨の問題はすばらしく減るだろう。そこに寄生虫症の抑制を加えれば、それも実現されることだろう」

——ヴィクトル・ユゴー『レ・ミゼラブル』（一八六二）[1]

田園都市と他の自治体との本質的なちがいの中でも、いちばん大きなちがいの一つは、その歳入の獲得方法である。田園都市の歳入のすべては、地代からくる。そして本書の目的の一つは、この圏域内のさまざまなテナントから期待される、きわめて低額な地代収入であっても、田園都市の金庫に入れれば、以下のような目的のために十分であることを示すことにある。その目的とは以下の通りだ。

1編注　これを含むいくつかの引用は、一八九八年版には登場したが、後の版からは削除されている。

(a)圏域の土地を買ったお金の利息を払うこと。
(b)元本を返済するための積立金を提供すること。
(c)通常は自治体や近郊政府が、強制的に徴収する税金によって建設維持されるような公共施設をすべて建設維持すること。
(d)(担保付き債券の返済が終わってからは)その他の目的のために多額の剰余金を維持すること。その他の目的とは、たとえば高齢者の年金や、事故や病気に対する保険など。

町といなかとのちがいで、いちばん目につくものは土地の利用に課される地代の差だろう。つまりロンドンの一部では地代がエーカーあたり3万ポンドになるのに、農用地ではエーカー4ポンドでもきわめて高い地代だ[2]。この賃貸料のすさまじい差はもちろん、前者には存在して後者には存在しない、大量の人口によってほとんどが生じている。そしてこの差額はある特定の個人の行動に帰せられるようなものではないから、しばしば「不労増分」というふうに言及される。だがもっと正しい表現としては、「集合的に稼いだ増分」ということになるだろう。

多数の人口が存在することで土地に追加の価値がたくさん与えられるなら、ど

2編注　これらの数字は、一八九八年版のままとなっている。イギリスでの金銭価値は、もちろんその後大幅に変わっている。

こかの地域に十分なだけの人口が移住すれば、その移住先の地価は、それに対応する増加が伴うのは確実だ。そして多少の先見性と事前の調整があれば、その価値の増分は、移住してきた人々の所有物にできるだろう。

　そうした先見性と事前調整は、これまで有効な形で実行されたことはないが、田園都市の場合には周到に適用される。ここでは、土地は（すでに見たように）信託財産管理人に帰属し、かれらがそれを（債券の償還が終わったら）全コミュニティに代わって信託財産として持つ。だからだんだん生み出される価値の増分は、自治体の財産となる。結果として、地代は上がるかもしれないし、その上がり方もかなりのものかもしれないけれど、その上昇分は誰か個人の所有物にはならずに、地代を下げるのに充てられる。この取り決めが、田園都市にその磁力を与えるのだ、ということをこの先見る。

　田園都市の敷地は、購入時点ではエーカーあたり40ポンドと想定した。つまり総額24万ポンドだ。この購入金額は、30年の分割払いに相当すると考えよう。これをもとに、元の借り手が支払っていた年間地代は８０００ポンドになる。したがって、購入時点でこの敷地に住民が１０００人いたら、男も女も子どもも、一人あたり年間8ポンドをこの地代に対して貢献していることになる。しかし田園都市の人口は、農業地も含めると、完成すれば3万２０００人になる。そして敷地全体は、利息を含めて年間９６００ポンド[*1]の費用がかかることになる。

＊1訳注　元本が30年払いで年額８０００ポンド、利息は元金総額24万ポンドに対して年利４％なので、2万４０００×０・０４＝１６００ポンド、合計して９６００ポンド、という計算だ。

したがって、この実験がはじまる前は1000人がその稼ぎの合計の中から8000ポンドまたは一人8ポンドも支払っていたのが、町が完成すれば3万2000人がその稼ぎの合計から9600ポンド貢献すればいい。つまり一人あたまで平均年間6シリング[*2]（0・3ポンド）。

厳密にいえば、田園都市の住民が支払わされる地代は、この年間0・3ポンドですべてのはずだ。というのも、この田園都市が実際に外に対して支払う地代がそれだけだからだ。だからそれ以上何か支払ったら、それは地方税的なものへの支払いとなる。

仮にここで、各人が地代の0・3ポンドを支払うだけでなく、追加で年間1・7ポンド、つまり総額で年間2ポンドを支払うとしよう。この場合、二つのことがわかる。まず、各人が地代+地方税として支払うものは、この敷地の購入前の住人が地代だけで支払っていたものの4分の1でしかない。さらに、この自治体運営委員会は、担保債券の利息を払ったあとで年に5万4400ポンドが手元に残る。すぐに示すが、元金返済用積立金（4400ポンド）を引いても、ふつうは地方税でまかなわれているコストや費用、支出すべてをまかなえる。

イングランドとウェールズで、男女子どもが地方税として支払わされている金額の平均は、年2ポンドくらいだ。そして地代で支払われている金額の平均は、かなり少なく見積もっても年2・5ポンドになる。だから地代と地方税を合計し

＊2訳注　1シリングは20分の1ポンド。だから6シリングは0・3ポンド。当のイギリスでも面倒くさくてもう使わなくなった単位だし、本書の本質とはなにも関係ないし混乱のもとなので、今後は全部ポンドに換算して統一する。

た年間支払い額は、4・5ポンドだ。したがって田園都市の住民は、地代と地方税を完全に精算するのに、一人あたり年間2ポンドなら喜んで支払うだろうと見てまちがいないだろう。だがこの議論をもっと明確で強力にするために、田園都市の住民が、地方税と地代あわせて年2ポンドなら喜んで支払うという想定を、別の方法で確認してみよう。*3

このために、まず町の敷地は別に扱うことにして、農用地だけを考えることにしよう。明らかに、各農民が支払える地代は、町がつくられる以前よりもずっと高くなるだろう。農民はみんな、自分の住まいのすぐ近くに市場を持っているわけだ。養うべき町の市民は3万人いる。もちろんこれらの人々は、世界中どこからでも自分の食料を入手してまったくかまわないわけだし、多くの産物はまちがいなく外国から調達されるだろう。現地の農民たちが、紅茶やスパイスや、南国の果物や砂糖を供給してくれるとはまず期待できないし[3]、小麦や小麦粉の生産でも、アメリカやロシアとの競合はこれまでと同じくらい熾烈だろう。でも、この競合はいままでほど絶望的ではないだろう。これまで絶望していたイギリスの小麦生産者たちは、一筋の——いやきわめて強力な——希望の光によって大いに喜ぶはずだ。アメリカ人たちは、自分の港までの鉄道輸送費、大西洋横断の海運輸送費、さらにイギリス消費者までの鉄道運賃を支払わなければならないのに、田園都市の農民たちは、まさに目の前に大消費地を持っていて、さらにその市場

*3訳注　これだけ読むと、地代+税金がなにか定額のような印象だが、実はそうではない。土地は一番高い地代を提示した者に提供されるシステムになっている。これはおいおいわかってくる。

3　発電コストの低い電気を使った電灯を温室と組み合わせれば、こうした産物の一部は生産できるかもしれない。

は、その農民が地代に貢献することで拡大するのだ[4]。

あるいは、野菜や果物を考えてほしい。都市近郊の農家以外は、もう野菜や果物はつくらなくなっている。なぜか？　市場がもっぱらむずかしくて不確実だからということと、輸送費や中間マージンが高いせいだ。下院ファーカーソン博士のことばを引用すると、農民たちは「こうした産物を売りさばこうとすると、幾重もの中継ぎ業者や投機家のクモの巣の中で絶望的にもがいている自分に気がついてしまい、絶望のあまりそんなものを売ろうという努力なんかやめてしまおうという気になりかかり、公開市場での価格がそのままきちんと適用できるような産物にだけ頼ろうとするのだ」。また牛乳に関して、なかなかおもしろい計算ができる。仮に町の人間がみんな、一日たった約200cc[*4]の牛乳しか消費しなかったとしよう。それでも人口3万人なら、一日約1140リットル[*5]を消費する。鉄道の輸送費を4・5リットルあたり240分の1ポンド[*6]とすれば[*7]、年間でミルクという一品目の鉄道輸送運賃だけでも1900ポンド以上の節約になる。それに消費者と生産者をこれほど接近させることによる一般的な節約分を計算するためには、これを何倍もしなくてはなるまい。言い換えると、町といなかの組み合わせは健康的なだけでなく、経済的でもあるのだ——この点についてはこの先一歩進むごとに、いっそうはっきりしてくるだろう。

しかし田園都市の農業テナントたちが喜んで支払う地代が増大するのには、別

4　ピョートル・クロポトキン『農場、工場、工房』（ロンドン、一八八九）およびJ. W. Petaval『きたるべき革命（*The Coming Revolution*）』を参照。

＊4訳注　原文では3分の1パイント。

＊5訳注　原文では1250ガロン。

＊6訳注　原文では1ガロン。

＊7訳注　原文では1ペニー。当時のペニーは240分の1ポンド。12進数まで入ってきて混乱のきわみなので、これも分数でポンドに換算する。

の理由もある。町の廃棄物は、すぐに土に戻されて、その肥沃度を高められるのだ。しかもこれにも鉄道輸送などの高価な中間段階はいらない。下水処理の問題は、もちろん対応のむずかしい問題だ。でももともとのむずかしさが、いまは既存の人工的で不完全な条件のために、さらに増大する結果になっている。だからベンジャミン・ベーカー卿は、ロンドン郡評議会に対するアレクサンダー・ビニー氏（現在はサー）との共同報告でこう述べている。

「ロンドン大都市圏の全下水道システムについての大問題と、テムズ川の状態について、現実的な問題として考えてみると（中略）まっさきに認識しなくてはならないのは、主下水システムはもはや敷設されてしまっていて変更できないものであり、大通りの幹線が、われわれの望むようになっていようといまいと、いまのままに受け入れなくてはならないのと同じように、下水管路も受け入れなくてはならない、ということだ」。

しかしながら田園都市では、エンジニアさえ優秀なら、大して苦労はしなくてすむだろう。まさに白紙の状態から図面を引けるわけで、敷地のすべてが自治体の所有である以上、かれのじゃまをするものはなにもないし、農業地の生産性を大いに高められるのはまちがいない。

また小農地の数が大幅に増える。特に、図6に示したような立地のいい小農地が増えるため、これも地代として提示される総額を上げることになる。

田園都市の農民が、自分の農場に対して喜んで支払う地代、あるいは小農地の地代として小作人が喜んで支払う地代が増大すべき理由は、ほかにもある。敷地の農業部分の生産性は、巧妙な下水処理方式によって高められ、さらには新しくそこそこ広大な市場によっても高められ、またもっと遠くの市場に運ぶ場合にも輸送がきわめて便利となっているが、それだけでなく、その土地の占有条件は、土地の最大限の活用を奨励するものになっているのだ。公正な占有条件である。圏域の農地部分は正当な地代で貸し出され、借り主は、別の候補者が提示する地代の10%引きくらいの賃料を支払いつづける限り、ずっとそこでの耕作継続が認められる。割り引くのは、既存のテナントを有利にするためだ――また、テナントが交代する場合には、入ってくるテナントは出ていくテナントに対し、まだ減価償却のすんでいない改良や設備更新の分については支払いをしなくてはならない。この方式を使えば、テナントが町の福祉全体の向上によってもたらされる地価の自然な増大について、不当な分け前を確保することは不可能となる。そしてその一方で、土地を占有しているテナントすべてのあるべき姿として、新参者に対しては優先権が与えられるし、過去の労働の成果で、まだ収穫されていないけれど土地に価値を足しているものを失うおそれもないのが確信できる。こうした占有条件は、それ自体でテナントの活動とやる気を向上させ、土地の生産性を上げ、そしてそのテナントが喜んで支払うはずの地代も、かなり増大するということは、まず誰にも疑い得ないことだろう。

　地代の提示額が高まるだろうということは、田園都市のテナントが支払う地代の性格をちょっと考えてみれば、なおさら自明のこととなる。テナントの支払う地代の一部は、圏域の購入費用を調達するための担保債券の利息に向けられ、一部はその債券の元本償還に充てられる。だから、その債券を買った市民の分をのぞけば、地代のその分はすべてコミュニティの外に出ていってしまう。でも、支払われた額の残りすべては、地元で使われる。そして農民は、そのお金の管理運用については、ほかの成人たちとまったく等しいだけの権利を持っている。だから田園都市においては「地代」ということばは新しい意味をもってくる。話を明確にするために、これからはあいまいさのない用語を使う必要がある。担保債券の利息に相当する部分は、これからは「地主地代」と呼ぶ。購入金額の償還にあたる部分は「減債金」と呼ぶ。公共目的に使われる部分は「税」と呼ぶ。そしてその総額を「税・地代」と呼ぶことにする。

　いままでの検討から、農民が田園都市の公庫に喜んで払い込む「税・地代」は、個人の地主に対して支払う地代よりもかなり高いものになることは、まちがいなくはっきりしているだろう。この地主は、農民が自分の土地の価値を上げるにつれて地代を上げる一方で、地方税の負担はすべてその農民に押しつけてしまうのである。ひと言で言うと、ここで提案した計画は、下水処理システムを含んでいる。ほかのところでは、作物が育つにつれて土地の自然な肥沃さが枯渇するので、非常に高価な糞尿をまいてそれを補わなくてはならない。これがあまりに高価なので、農民は時に自分の必需品すら切りつめなくてはならない。しかしこの提案では、作物が土地から奪う肥沃さを、下水処理システムが別の形で土地に返すことになる。さらに農民が苦労して稼いだお金は、これまでは地主に支払われたきり消えてしまっていたのに、ここでは疲れ切った支払い主に戻ってくるのだ。もちろん支払ったお金の形では戻ってこないけれど、道路や学校、市場などさまざまな役に立つ形で。これは農民たちを、間接的ではあれ、きわめて物質的な形で支援するものだ。それに、いまはその地代や税金はあまりにきびしい負担であるために、それが本質的に必要なものだということをかれらもなかなか認識できなくなっていて、その一部に対して疑念と嫌悪を抱くようにさえなっているのだ。もし農場と農民が、物質的にも道徳的にもきわめて健全で自然な条件下におかれたら、熱意あふれる土壌も希望に満ちた農民も、新しい環境に等しく応えてくれるということを、誰が疑い得るだろうか。土地はそれが生み出す葉の一枚ごとに肥沃になり、農民は支払う税・地代の一銭ごとに豊かになっていくはずではないか。

ここまできてわれわれは、農民や小作農、農地使用者が喜んで支払う税・地代は、これまでかれらが支払ってきた地代よりかなり高くなるだろうということがよくわかる。その理由は以下のとおりだ。

1. 新鮮で利益率の高い農作物を求める、新都市住民たちが存在していて、かれらに対しては鉄道運賃が相当額節約できるから。
2. 土壌にその自然要素がしかるべく戻されるから。
3. 土地占有の条件が公正で利益が高く、自然だから。
4. いま支払われている地代というのは税・地代であるのに対し、これまで支払われていた地代の場合は、テナントはその他に税金の支払いが必要だったから。

しかしこの「税・地代」が、これまでその圏域にいたテナントたちの支払っていた、地代だけの金額に比べてかなりの増加となるのは確実だが、この「税・地代」がいくらになるのかは、まだまだ憶測の域を出ない。したがってわれわれとしては、たぶん提示されるであろう「税・地代」を大幅に過小推定しておけば、堅実に安全側に見積もったことになるだろう。では、これまでの概略にもとづいて、田園都市の農業人口が、これまで地代だけで支払ってきた金額より50%多い税と地代を支払う用意があるものと仮定すると、以下のような結果が得られる。

次の章では、きわめて正当な計算に基づいて市街地から期待される金額を推定してみよう。そして、町の自治体としてのニーズに対して、税・地代の総額が十分かどうかの検討に進もう。

農業地からの推定歳入総額	
5,000エーカーのテナントの旧支払地代推定額	6,500ポンド
地方税と積立金で50%増し	3,250ポンド
農業地からの「税・地代」総額	9,750ポンド

第3章　田園都市の歳入——市街地

「ロンドンの貧困層の住居に対してどんな改革がなされても、ロンドン全市がその住民すべてに対し、新鮮な空気を供給できないし、健全なレクリエーションに求められる空地を十分に供給できないのは、相変わらずの真実である。ロンドンの過密への対処方法がまだ求められている。（中略）ロンドンの人口階層の中には、いなかに移住させたほうが長期的には経済的にメリットがある者がかなり存在している。それは移住した者と、残った者の双方にメリットがあるだろう。（中略）ロンドンの衣類製造業で雇われている15万人ほどの労働者のうち、その大多数はきわめて低賃金で、あらゆる経済的な理由から見て、地代の高いところで行われるべきではないような作業をしている」

――アルフレッド・マーシャル教授「ロンドン貧困層の住居」『コンテンポラリー・レビュー』紙、一八八四年

前章では、圏域の農業地から期待できる歳入総額を９７５０ポンドと見積もったので、こんどは市街地を見てみよう（ここでは明らかに、農地を市街化することで地価が大幅に上がることになる）。そして、またもや過大な推計をしないよう十分にゆとりを持った想定をするように注意しつつ、市街地部分のテナントから自主的に提供される「税・地代」の額を概算してみよう。

市街地部分の敷地は2km²[*1]あって、それが4万ポンドの値段で、その利息が4%で年1600ポンドになる、ということは頭に入れておいてほしい。この総額1万6600ポンドは、町の住民が全員で支払うように要求される、地主地代だ。そしてそれ以上の追加の「税・地代」はすべて、「減債金」として購入費用の償却に充てられるか、あるいは道路や学校や水道の建設維持など、自治体の用途のために適用される「地方税」になる。したがってこの「地主地代」が一人頭でどれくらいになるか、そして市民の支払いによってコミュニティがどのくらいの金額を確保できるかを見てみると、おもしろいだろう。さて、年間の利息、または「地主地代」の1600ポンドを3万(町の予想人口)で割ると、男、女、子どもそれぞれの一人あたりの支払い額は、0・06ポンド[*2]よりもい、さ、さ、か、少、な、い、くらい。徴収される「地主地代」はたったこれだけだ。これ以上徴収される「税・地代」はすべて減債金や地元の用途に使われる。

さて、この運のいい位置にあるコミュニティが、こんな少額でいったいなにを獲得したのかを見てやろう。一人頭年額0・06ポンドで、まずは家屋のための十分な敷地が手に入る。これはまえに見たように、平均で6×40m[*3]ほどで、敷地一筆に平均で5・5人が暮らしている。道路用地もたくさんあるし、道路の一部は壮大きわまる幅員で、実にゆったり広々としていて、日光や空気が自由に出入

＊1訳注　原文では1000エーカー。

＊2訳注　原文では1シリング1ペンス。

＊3訳注　原文では20×130フィート。

りして、さらにそこに木々や茂みや草が植わり、町になかばいなかのような様相をもたらしてくれる。また市役所、公共図書館、美術館や画廊、劇場、コンサートホール、病院、学校、教会、水泳プール、公共市場などにも十分な用地がある。さらには70ヘクタール[*4]の中央公園、さらに幅員１４０ｍで全長５km弱のすばらしいアベニューが、広々とした大通りと交差したり、学校や教会があるところをのぞけば途切れることなく続く。そうした学校や教会も、敷地に支払う金がこんなに少額なのに、その美しさはまったく見劣りしないものになるだろう。また町をぐるりと取り巻く、全長７・２kmの鉄道用地も確保できる。倉庫や工場や市場のために40ヘクタール[*5]、さらにはショッピング専用で温室も兼ねる水晶宮のためのすばらしい敷地もある。

したがって、すべての建物の敷地が賃貸されるための賃貸契約は各テナントがその土地にかかる地方税や国税、割付金などをすべて支払わなくてはならないという、通常の条項を含んでいない。逆に、地主は受け取った金額をまずは担保債券の利払いに充てて、次に債券の償還に充て、第三に残金のすべてを公有基金に入れて公共目的に供する、という地主に対する条項が入っている。その公共目的というのは、その自治体以外の市などからかかる税金の支払いなども含む。

今度は、この市街地部分について予想される税・地代の額を推定してみよう。まずは住宅建設用の敷地から考えよう。そのすべてはすばらしい立地だが、特

＊４訳注　原文では１４５エーカー。

＊5訳注　原文では82エーカー。

にグランドアベニュー（幅員140m）と壮大な大通り（幅員30m）に面した敷地が、たぶん一番高い賃料になるだろう。ここでは平均値しか扱わないけれど、住宅用地で道路に面した30cmあたり0・3ポンドという税・地代がきわめて低額だ、というのは誰でも認めてくれると思う。すると道路の前面線6・7mの建物の税・賃料は、平均で年6ポンドとなり、そしてこれをもとにすると、建物敷地は全部で5500あるから、年間グロスの歳入は3万3000ポンドとなる。

工場や倉庫、市場などの税・地代は、道路前面長ではうまく推定できないかもしれないけれど、平均的な事業者なら、雇い人一人あたり2ポンドなら喜んで払うと考えておけば無難かもしれない。もちろん、税・地代を人頭税にしろと主張しているのではない。金額は前に述べたとおり、テナント同士の競争によって決めるべきだ。しかしながら、こうして税・地代を推定するというのは、製造業者などの事業者、協同組合、あるいは独立事業者たちが、田園都市に来ることで自分のいまの所在地に比べて地代やコストが安上がりになるかどうかを判断するための、簡便な手段になるかもしれない。しかし、ここで問題にしているのは平均なんだということは、はっきりと念頭においてほしい。だからこの数字が大雇用主にはとんでもなく高いように見える一方で、小店主にはとんでもなく安く見えてしまうこともある。

さて、人口3万人の町では、16〜65歳の人口は約2万人になる。そしてそのうち1万625人が工場や商店、倉庫、市場など、自治体から賃貸される何らかの宅地以外の敷地利用を伴う仕事で雇われるとすると、ここからの歳入は2万1250ポンドになる。

したがって全圏域からの歳入は以下のとおりだ。

農用地からの税・地代（101ページ参照）	9,750ポンド
一筆6ポンドとして5,500筆からの税・地代	33,000ポンド
事業地からの税・地代、10,625人で2ポンド／人	21,250ポンド
合計	64,000ポンド

あるいは、税と地代で一人頭2ポンドほどだ。この金額の使途は以下のとおり。

ではこんどは、5万ポンドで田園都市の自治体としてのニーズに十分かを検討することが重要となる。

地主地代、つまり土地代240,000ポンドの利息4%	9,600ポンド
元金返済用積立金（30年）	4,400ポンド
その他、地方税から支払われる各種の使途	50,000ポンド
合計	64,000ポンド

第4章　田園都市の歳入——歳出の概観

前章の結論部分で出てきた質問――つまり田園都市で使用可能な推定純収入（年間5万ポンド）が自治体としてのニーズを満たすのに十分かどうか――にとりかかるまえに、こうした活動の開始に必要な資金を調達する方法について、ごく手短に述べよう。そのお金は「B」担保債権の発行で借り入れる[1]。そしてこの返済は、「税・地代」から差し引いて行う。ただしこれはもちろん、土地の購入費調達を行った「A」担保債権の金利と返済用積立金をまず払ってから、という条件付きだが[*1]。これはいうまでもないことかもしれないが、土地購入の場合には、その圏域の所有権を獲得したり、あるいはその土地の上で活動を開始したりするには、購入金額の全額、あるいはそこまでいかなくても、そのかなりの部分をあらかじめ調達することが必要になる。でもその土地の上で行う公共工事となると、話はまるでちがって、最終的に必要な金額がすべてそろうまで、工事開始を遅らせるなどということは、必要もないし、また望ましいことでもない。そもそもの発端から、公共工事すべてをまかなうのに必要な、すさまじい金額をあらかじめ調達しなくてはならない、などというんざりするような条件のもとでつくられた町など、一つとしてないだろう。そしてこれからだんだん見えてくるように、田園都市のつくられる条件というのは独特ではあるけれど、その初期費用という点でまで例外的な存在となるべき必要はまったくない。それどころか、町という事業体をすさまじい資金で幾重にも塗り重ねるようなことが、まったく

1　79ページの注を見よ。

*1訳注　要するに、劣後債を発行するわけだ。

必要でなくなり、つまりは不要になるという、田園都市のきわめて例外的な理由もますますはっきりしてくるだろう。とはいってももちろん、まともな経済がきちんと動けるだけの十分な金額は必要ではある。

これと関連して、町の建設の場合に必要とされる資金量と、たとえば河口に大きな鉄橋をかける場合の資金量とを、きちんと区別しておいたほうがいいだろう。橋の場合には、必要金額を全額事前に調達しておくのがきわめて得策となる。これは、橋は最後のリベット一本が打ち込まれるまで橋とは言えないという単純な理由からくる。さらに橋はその両側で、鉄道や道路と接続されていなければ、収入を生み出す力はまったくない。したがって、その橋が完全に完成するという前提がなければ、そこに投下される資本が回収できるという見込みはほとんどないことになる。だから、投資してくれと言われた側としては、「それが完成するだけの資金を調達できると証明するまでは、そんな事業には投資しないね」と言うのも当然のことだ。

しかしながら、田園都市の敷地開発のために調達しようとしている資金なら、すぐに見返りが生じる。それは道路や学校などに費やされる。こうした公共事業は、テナントに貸し出された敷地の数に応じて実施されるし、そのテナントは借りるときに、一定の期日から上物の建設を始める。したがって投下されたお金は、すぐに税・地代の形で収益を生み出す。それは実際には、大幅に改善された地代を反映したものだ。「B」担保債券に資金を出した者には、まさに第一級の保証がついたも同然であり、もっと低い金利で追加資金を得ることもできるだろう。繰り返すが、各区、または市の6分の1ごと[2]が、ある意味で完結した町になっていることが、プロジェクトの重要な一部である。したがって、学校の建物は、初期の段階には単に学校としてだけではなく、宗教的な礼拝場として使われたり、コンサートや図書館、さまざまな集会場としても使われることもできるだろう。そうすれば、高価な自治体の施設やその他の建物のための支出は、後々まで先送りにできるだろう。また事業も、次の区に移る前に、前の区では実質的に完了しているべきだ。そしてそれぞれの区の運営は、順序正しく順番に実施されるべきだろう。そうすれば、市街地になる予定の部分でも、まだ工事が進行していなければ、小農地にしたり、放牧地にしたり、れんが置き場などにしたりすることで収入源にできる。

では、目の前の問題にとりかかるとしよう。田園都市を構築するための原理は、その自治体としての歳出に対して何らかの有効性を持っているだろうか。いいかえると、歳入が一定の場合に、通常の条件下よりも大きな結果を生み出すだろうか。こういう疑問への答えは、イエスだ。1ポンド残らず、お金はほかのところよりも有効に使われて、数字で正確に表現はできなくても明らかな経済性をもち、その総額はきわめて大きな額になるのは明らかとなる。

2 図6を参照。

まず認識される大きな経済性は、通常はほとんどが自治体にとっての支出項目となる「地主地代」の費目が、田園都市の場合にはほとんどまったく生じないということだ。まともに秩序だった町はすべて、庁舎や学校、水泳浴場、図書館、公園などを必要とする。そしてこれらを含む事業体としての施設が占有する敷地は、ふつうは購入される。こういう場合には、こうした敷地を購入する費用は、地方税の一部を財源として借り入れられる。したがって、地方自治体が徴収する地方税の通常の使途として、これはかなりの部分を占めることになる。これは生産作業に向けられるのではなく、われわれが「地主地代」と呼ぶことにしたものとなる。つまり、購入を行うための資金の金利か、あるいはそのようにして確保した購入費用の元金返済用の減債金、つまりは資本化された地主地代だ。

さて、田園都市では、こうした費用は農用地の道路用地を例外としては、すべて手配済みとなっている。つまり公共の公園や学校などの敷地は、地方税の支払い者にとってはコストゼロとなる。というかもっと厳密には、こうした敷地はエーカーあたり40ポンドで購入してあって、それはこれまで見てきたように、住民の各人が地主地代として支払うことになっている一人あたり0・06ポンドの年間支払額でカバーされている。そして町の歳入5万ポンドは、全敷地購入費の金利と減債金を差し引いた後の、純収入なのだ。したがって5万ポンドが歳入として十分かを知るためには、自治体用地の購入費をこの金額から差し引く必要はいっさいないのだ、ということは忘れてはならない。

また田園都市と、たとえばロンドンのような古い都市とを比べてみれば、大きな経済性が達成できる費目がもう一つ見つかる。ロンドンは自治体精神をもっと完全に発揮しようと思えば、学校をつくったり、スラムを取り壊したり、図書館や水泳浴場を建てたりすることになる。このためには、まず敷地の占有権（freehold）[*2]を獲得するだけでなく、その敷地にそれまで建っていた建物も買い取らなくてはならない。しかもそれを買い取るのは、ひたすらそれを取り壊して敷地を更地にするためだけなのだ。しかも営業中断の補償も必要になることが多いし、さらに紛争解決のための法廷費用も莫大だ。これと関連して、ロンドン学校委員会が創設以来、学校用の敷地取得のためにかけてきた総額（つまり従前建物の購入、営業中断補償、法定費用などすべてを含んだ費用）はすでに351万6072ポンドというすさまじい金額に達し[3]、さらに委員会の学校建設用地（広さ合計180m^2[*3]）のコストは平均で9500ポンド／エーカーに達していること[*4]は述べておこう[4]。

この値段だと、田園都市の学校用地24エーカーは22万8000ポンドになるから、田園都市の学校用地の節約分だけで、モデル都市用の敷地がもう一つ丸ごと買えてしまう。「しかし田園都市の学校用地はかなり豪勢に広くて、ロンドンでは考えられないほどのものだし、田園都市のような小さな町と、強大な帝国の

*2訳注　所有権の概念が日本と英米では少しちがうけれど、ここではほぼ所有権と同じ、なんでもしていい権利と考えればいい。

3　ロンドン学校委員会「報告」一八九七年五月六日、1480ページを見よ。

*3訳注　原文では370エーカー。

*4訳注　351・6万ポンド÷370エーカー。

4　「全国の公立小学校に可能な限

裕福な首都ロンドンとを比べるのはそもそも不公平だ」という声があがるだろう。

わたしはこう答える。「確かにロンドンの地価では、このような敷地は豪勢すぎるどころか、不可能となってしまう――4000万ポンドもかかってしまう――が、まさにこのことが、現在のシステムのきわめて深刻な欠陥、しかもいちばん重要な部分での欠陥を示唆してはいないだろうか。子供は、地価が40ポンドのところよりも9500ポンドの場所のほうが、教育しやすいのだろうか。ロンドンがその他の目的にとっては真に経済的な価値を持っているかもしれないが――これについてはまた後で触れよう――学校という目的の場合、学校の建つ敷地が薄汚い工場や混雑した中庭や小道に囲まれているメリットというのはいったいなんだろう。銀行にとって理想的な立地がロンバード街なら、学校にとって理想的な場所は、田園都市のセントラル・アベニューのような公園ではないか？――そして秩序だったコミュニティの第一の懸案事項は、われわれの子供たちの福祉ではないだろうか」

だが、異論もあるだろう。「子供は家の近くで教育を受けなくてはならず、そして家は両親たちの働く場所に近くなくてはならない」。そのとおり。しかしながら、この田園都市の仕組みはきわめて効果的にこれに対応した方式を提供しているし、それにまた田園都市の学校はロンドンのものよりも優れているではないか。子供が平均で費やす通学時間も短くてすむ。これは教育者たち誰もが認める

り、200m²かそこらの土地を追加で付加しようという昔からの提案が、一度も実行されていないのは大いに残念なことである。学校農園は若者の園芸に対する洞察を養うことになる。これは後の人生でかれらが快適かつ高収益だと知るようになるだろう。食物の生理学上と相対的な価値は、学校のカリキュラムにおいて、若者たちが何年も無駄に時間を費やすほかの科目に比べて、ずっと有益なものであるといえる。そして学校提案は、実地授業として非常に価値の高いものとなるだろう」「エコー」、一八九〇年十一月

ように、冬場には特にきわめてだいじになる点だ。

さらにいえば、マーシャル教授も言っているではないか（本章の冒頭の引用を見よ）。「ロンドンの衣服製造業で雇われている15万人ほどの労働者のうち、その大多数はきわめて低賃金で、あらゆる経済的な理由から見て、地代の高いところで行われるべきではないような作業をしている」と。つまり言い換えれば、その15万人はそもそもロンドンにいるべきではないのだ。そして、そういう労働者の子供たちの教育が、すさまじく劣った環境で、とてつもないコストをかけて行われているということを考えると、教授の発言はいっそう重みを増すのではないだろうか。もしこの労働者たちがロンドンにいるべきでないなら、かれらの家（いまはあれだけ不衛生なのに、高価な賃料を払っている）もロンドンにあるべきではないのだ。かれらのニーズを満たす商店所有者の一部も、ロンドンにいるべきではないのだ。そして、衣服製造でかれらの稼いだ賃金により雇用が創出されているさまざまな人々も、ロンドンにいるべきではない。

したがって、田園都市の学校敷地とロンドンの学校敷地を比べるのは、まちがいなくフェアだという印象——それもきわめて現実的なもの——はある。というのも、もしこの人たちがマーシャル教授の示唆するようにロンドンから移住すれば、かれらは（わたしが示唆したような、ちゃんとした事前の準備をしておけば）、自分の仕事場の敷地地代を大いに節約できるし、住居や学校やその他の用途の敷地についても地代を大幅に節約できる。そしてこの節約分というのは、もちろんいま支払っている金額と、新しい条件の下で支払われる金額との差から、移転で生じた損害（あれば）を差し引き、さらにそうした移転で得られる大量の利益を足したものだ。

議論をはっきりさせるために、別の形で比較をしてみよう。ロンドンの人々は、ロンドン学校委員会がもっている学校敷地用の支払いとして、全人口（ここでは600万と想定）の一人あたりにして0・58ポンド強の出資金を支払ったことになる。この金額はもちろん、私立学校の敷地は含んでいない。田園都市の住民3万人は、この一人頭0・58ポンド[*5]を完全に節約できるわけで、これは総額1万7250ポンド。利率3％で考えると、これは毎年517ポンドを永遠に払いつづけるのと同じことなので、それが節約できることになる。そして、このように、学校敷地の費用の金利にあたる年517ポンドを節約するだけでなく、田園都市が学校用に確保した敷地は、ロンドンの学校とは比較にならないくらい優れている――町のすべての児童を十分に収容できるだけの広さを持っているのだ。ロンドン学校委員会のように、自治体内の児童の半分にしか対応できないようなものではない（ロンドン学校委員会による学校の敷地は合計180ヘクタール[*6]、つまり人口1万6000人あたり1エーカーとなるが、田園都市の人々は、合計11ヘクタール[*7]、つまり人口1250人あたり1エーカーの敷地を取得して

＊5訳注　原文では11シリング6ペンス。

＊6訳注　原文では370エーカー。

＊7訳注　原文では24エーカー。

いる)。言い換えると、田園都市の確保している用地は、ずっと広く、立地もよく、あらゆる意味で教育目的に適しているのに、そのコストは、あらゆる意味でこれより劣っているロンドンの敷地のほんの一部で済んでいるわけだ。

　こうして論じてきた経済性は、すでに述べた二つの簡単な工夫から生じているのだ、ということがわかるだろう。まず、移住によって新たな価値が生じる前に土地を買っておくことで、移住してくる人々はきわめて低額で土地を購入し、その後の価値上昇分を自分たちや、あとからやってくる人々のために確保しておける。そして第二に、新しい敷地にやってくることで、古い建物に大金を支払う必要もないし、営業中断の補償や多額の法廷費用も支払わなくていい。この多大なメリットのうち最初のものを、ロンドンの貧しい労働者に提供するのはきわめて有益なことだ。これについて、マーシャル教授は「コンテンポラリー・レビュー」紙の記事では一時的に見落としているようだ[5]。教授はこう書いている。「最終的には、この移住によってあらゆる人がメリットを得るが、中でも最大のメリットを受けるのは、地主たちとその入植地につながる鉄道である」(強調はわたしがつけたものだ)。

　それならば、ここで提案された工夫について、以下のことを確認しようではないか。つまり、いまは社会の下層部にいる階級を助けるよう特に設計されたプロジェクトによって、最大のメリットを受けるという地主たちは、まさにその下層

5　もちろんこの可能性についていちばんよく理解しているのは、マーシャル教授自身である(『経済学原理』第二版、第5巻、10章と13章を見よ)。

部の人々自身である。かれらは新しい自治体のメンバーとなり、そしてかれらが変わるために、強力な支援が追加でさしのべられる。これまでそうした支援がなされなかったのは、単にこれまで組織的な努力がなかったからというだけだ。そして鉄道が手にするメリットといえば、町の建設が敷地を通る鉄道の本線にとって大きなメリットとなるのはまちがいない。でも人々の稼ぎが鉄道の輸送料や扱い手数料で目減りする割合は、ほかのところほどではないというのも、これまた事実なのである（第2章と、第5章133ページを参照）。

ここで経済において、まったく計算不可能な部分について扱おう。これは、この町が完全に計画されているということからくる。このため、自治体の管理運営という問題すべてが、一本の遠大なスキームに基づいて処理できるようになるのだ。最終的なスキームが、一人の頭脳によって考案されるというのは、いかなる意味でも必要ないことだし、それに人間として考えてみてもそんなことは不可能だろう。最終的なスキームは、多くの頭脳の成果となる――エンジニアの頭脳、建築家や測量士、景観造園家、電気技師などだ。しかしこれまでも述べたように、デザインと目的の間の統一性は不可欠である――つまり、町は全体として計画されるべきで、イギリスのあらゆる町（そして多かれ少なかれ、他国の町でも）のような混沌とした成長に任せられるべきではない。町は、花や樹や動物のように、成長のあらゆる段階で統一性と対称性と完全性を備えているべきであり、成長の結果としてその統一性が破壊されてはならず、むしろ成長がその統一性にもっと大きな目的を与えるようにならなくてはならない。対称性が破壊されてはならず、もっと完全な対称性をつくり出さなくてはならない。初期の構造の完全性は、後の発展のさらに大きな完全性の一部となるべきなのだ[6]。

田園都市は計画されているのみならず、最新の現代的なニーズまで視野に入れたうえで計画されている。そして古い道具をつぎはぎで変更するよりも、新しい材料で新しい道具をつくり直したほうが、明らかに簡単だし、ふつうはずっと経済的であり、完全な満足を得やすい[7]。経済性のこの面については、具体的な例で説明するのがいちばんいいだろう。そして非常に示唆的な一例がここに登場する。

ロンドンでは、ホルボーンとストランドの間に新しい道路を通すという問題が、何年にもわたって検討されつづけていて、延々と計画が実施され、ロンドンの人々にすさまじいコストをかけている。

「ロンドンの街路地理がこのように変更されるたびに、貧困者が何千人も追い立てられる」――これは一八九八年七月六日付の「デイリー・クロニクル」紙からの引用だ――「そして何年にもわたり、すべての公共または準公共の計画は、そうした貧困者をなるべく多く転居させる費用負担を強いられてき

6　一般に、アメリカの都市は計画されていると思われている。これは事実ではあるが、きわめて不十分な意味においてでしかない。アメリカの都市はたしかに、複雑な迷路のような街路でできてはいないし、牛が描き出したかのような線形の道路もない。そしてアメリカの都市は、とても古い町いくつかをのぞけばどこでも、数日滞在すれば、だいたいは勝手がわかるようになる。しかしそれでも本当の意味でのデザインはほとんどないし、あってもきわめて粗雑な代物でしかない。一部の街路がつくられて、それが都市の成長に伴って、単に延長されて繰り返され、その単調さはほとんど途切れることがない。ワシントンD.C.は、街路のレイアウトという意味ではすばらしい例外だ。でもこのワシントンですら、住民がすぐに自然にアクセスできるようにするといった視点ではデザインされていないし、公園が中心になく、学校などの建物も科学的な方法で配置されてはいない。

7　「ロンドンは混乱しきった成長をとげ、デザイン面での統一性は一

た。これはまさにそうあるべきだ。しかしながら公共が実際にその現場にきて、実際に支払いをする段階になると、話がむずかしくなってくる。いまのケースでは、労働者人口３０００人が移転しなくてはならない。問題の核心をさぐるうちに、その労働者のほとんどは雇用の面で、いまの住所と密接に結びついていることが判明し、だからかれらを１マイル以上遠くに移転させるのは困難だ、ということになる。結果としては、ロンドン市はかれらを移転させるのに、現金で一人あたり約１００ポンド支払わなくてはならない——総額では30万ポンドだ。１マイル移転してくれという依頼さえ不当だと思う人々——市場のゴネ屋、その場を離れようとしない人々——の場合、コストはもっと高くなる。かれらは、この大計画自体によってクリアリングされた土地の一区画を必要とすることになるので、結果としてはかれらに２６０ポンドの立派な家屋を与え、つまり５、６人世帯に一軒１４００ポンドを渡すことになる。

数字を並べるだけでは、あまりピンとこないだろう。１４００ポンドといえば、住宅市場では、年１００ポンド近い家賃に相当する。１４００ポンドあれば、ハムステッドに立派どころか豪勢な庭付きの家が買えてしまう。中流階級の上の方にいる人でも大喜びするような家だ。近場の郊外のどこでも、１４００ポンドあれば年収１０００ポンドの人が住まうような家が買

切なく、建築活動が時代を追って必要になるにつれて、たまたま運よく土地を所有していた適当な人々の気まぐれな判断に任されてきた。時々、偉大な地主がいて、高い階級の住人を広場や庭園や引っ込んだ道などで誘致しようとして、ある一角をレイアウトする。そうした区画は、門や柵で通過交通を排除している。しかしそういう場合ですら、全体としてのロンドンのことは考えられていないし、中心的な大通りはつくられていない。そしてその他のもっと数多くある小地主の場合、施主の唯一のデザインというのは、その土地にできるだけ多くの通りと建物を詰め込んで、そのまわりにあるものは一切無視して、オープンスペースや広い街路など一顧だにしないということだ。ロンドンの地図を注意して見れば、その成長過程でここにいかなる計画も一切なかったことがわかるし、都市の全住民の便宜やニーズ、あるいは尊厳や美しさといった配慮が、ほとんどなかったこともわかるだろう」枢密顧問官Ｇ・Ｊ・ショー・ルフェーブル「ニューレビュー」、

える。もっと郊外の、市の事務員が列車で楽に通勤できるようなところまで行けば、1400ポンドの家というのは大豪邸となる」。

しかしながら、妻と子供四人をかかえたコヴェント・ガーデンの哀れな労働者は、どれほど快適に暮らせるというのだろうか。1400ポンドあっても、これはコヴェント・ガーデンではまっとうな快適さをもたらすものではないし、まして豪勢などほど遠い。「この労働者は、最低でも3階建ての住宅の、かなり狭い3部屋しかない、えらく小さな区分所有住宅に住むことになるだろう」。これを、最初から遠大な計画を慎重に立てた新地域で可能なことと比べてみよう。ロンドンで計画されているよりも広幅員の道路が、コスト的にはごくわずかな金額で敷設・建設されるし、1400ポンドという金額も、一世帯に「最低でも3階建ての住宅の、かなり狭い3部屋しかない、えらく小さな区分所有住宅」を提供する代わりに、田園都市ではすてきな庭付きの快適な6部屋戸建て住宅を、7世帯に提供できる。そして同時に製造業者は専用の区域に立地するよう奨励されるので、各大黒柱は職場から歩いて通勤できるところに住めるのだ。

また、すべての町や都市が満たすように設計すべき、現代的なニーズがある——現代的な衛生観念の発展とともに現れたニーズで、近年では発明が急速に進展したことで加速している。下水処理や雨水排水、上水、ガス、電信電話線、電灯線、動力伝達用の配線、郵便用の気送管などは、必要不可欠とはいわないまで

一八九一年、435ページ

も、経済的なものと見なされるようになってきた。でも、これらが古い都市で経済性のもとだというなら、新しい都市でどれほどの経済性をもたらすか考えてほしい。白紙の上ならばその建設に最新の装置を使うのも簡単になるし、こうした地下共同溝が収容するサービスの数が増えるにつれて、共同溝のメリットも増大し続け、人々はそれを最大限に享受することができるようになる。

地下共同溝をつくる前に、かなり大きく深い溝を掘らなくてはならない。これを掘るのに、最新の掘削機械が活用できる。古い町では、こういう機械の使用はとても迷惑かもしれないし、下手をすれば不可能かもしれない。だがこの田園都市では、蒸気の工夫たちは人々の住んでいるところには顔を出さず、かれらが共同溝を用意する工事を終えたあとで、人々がそこに住みにやってくるのだ。イギリスの人々が、まさに目の前の実例として、機械が最終的な国の便益だけでなく、人々の直接的で即座のメリットを生み出すために使えるということをまのあたりにできれば、すばらしいことではないか。しかもそのメリットを被るのが、機械を所有したり使ったりする人々だけでなく、その魔法のような支援によって職を得られる人にもメリットがおよぶことが示されれば、すばらしいことだろう。[*8] この国の人々、いやこの国に限らずほかの国の人々も、機械の大量使用が職を奪うだけではなく職を与える——労働にとって代わるだけでなく、労働をつくり出す——そして人々を奴隷化するだけでなく、解放もしてくれるのだということも、

*8訳注　ここらへんの記述はもちろん、機械導入による失業に抗議した労働者の機械打ち壊し運動であるラッダイト運動を念頭においている。

現実の例から学んでくれる日がくれば、なんとすばらしいことか。

田園都市では、やるべき仕事はたくさんある。それは言うまでもない。さらに言うまでもなく、大量の家や工場が建設されるまでは、こうしたことの多くは実行不可能だし、穴がさっさと掘られて地下溝が完成し、工場や家屋が建設されて、電灯や電力がつけば、生産的で幸せな人々の故郷たるこの町もさっさと建設できるわけだし、他の人たちが他の町の建設にかかるのも早くなる。他の町は、この町と同じようにはならず、だんだんこの町よりずっと優れたものになるだろう。このいまの機関車が、機械駆動の初期の粗雑な先駆物と比べてずっと優れているように。

いまやわれわれは、一定の歳入が田園都市では、通常の状況よりも莫大に大きな結果を生み出すのかという、説得力あふれる理由を4つ示したわけだ。

1. 土地占有について、純歳入を推定するときに挙げた少額以外には、「地主地代」または利子を支払わなくてすむこと。
2. 敷地には既存の建物や建築物がほぼまったく存在せず、したがってそうした建物を購入したり、事業中断の補償費用を支払ったり、法定費用などの関連支出もほとんど存在しないこと。
3. がっちりした計画、特に現代的なニーズや必要性に沿った計画から生まれる経済性により、古い都市に現代的なアイデアを調和させようとするときの各種支出が節約できること。

4．全敷地が活動のために開放されているので、道路の敷設などのエンジニアリング作業に最新最高の機械を導入できるという見こみ。

読者は読み進むうちに、これ以外の経済性にも気がつくことだろう。しかしおおまかな原理について論じて下地ができた以上、（5万ポンドという）推定額が十分かどうかを別章で検討する準備も、十分に整ったはずだ。

第5章　田園都市の歳出詳細

「ああ、国の運命を支配する者たちが、以下を忘れないでくれさえしたら――社会的な品位が失われているか、そもそも見つからないような、密集したむさくるしい集合住宅に住む極貧層にとって、あらゆる家庭的美徳を生み出す家庭への愛を育むのがいかに難しいかを忘れないでいてくれれば――幅の広い大通りや大邸宅からちょっと脇を見て、貧困のみが闊歩する脇道のどうしようもない住居を改善しようと努力さえしてくれれば――そうすれば多くの低い屋根は、真の意味で空を目指してのびることだろう。いま豪壮な高屋根が誇らしげにそびえ立つのは、罪と犯罪とおそろしい疫病のただなかからであり、これらをその対比によってあざ笑うためなのだ。タコ部屋や病院、牢獄からのうつろな声により、この真実は毎日のように説かれ、そして何年にもわたり宣言されてきたのだ。これは軽々しい問題ではない――卑しき労働階級からの叫びなどではない――水曜の晩に口笛を吹いて一蹴できるような、単なる人々の健康や快適さの問題ではない。国への愛は、家庭への愛から生まれ出るもの。そして、真の愛国者たるのは誰だろう、有事の際にあてになるのはどちらだろう――大地を崇拝し、その木々や流れや地面とそこでつくられるものすべてを所有している者たちだろうか、それとも国を愛しつつも、その広い領土の一片たりとも我がものと宣言できぬ者たちだろうか？」

――チャールズ・ディケンズ『骨董屋』（一八四一）

一般読者にとってこの章をおもしろいものにするのはむずかしいか、あるいは不可能かもしれない。しかしながら、慎重に検討してもらえば、この章は本書の大きな論点の一つを十分に論証してくれるものだと思う。つまり、きちんと計画された町を農業地に建設したときの税・地代は、そうした自治体が通常は強制的に徴収する税金の中から工面して行うような公共工事を行い、その維持管理をするのに十分足りるだけのものとなる、という論点だ。

債券の利息を払い、用地の土地代用の積立金を積んで残る金額は、すでに年5万ポンドと推計されている（第3章109ページを見よ）。第4章で、田園都市における一定の支出がほかとは比較にならないくらい生産的になることを示したので、こんどはもっと詳しい細部に踏み込むことにする。そうすれば本書が引き起こす各種の批判も、具体的なものをもとに議論ができるから、ここで提案しているような実験を用意する基盤としてもっと有意義になるだろう。

上記の支出以外に、市場の建設、上水道、照明、路面電車など、収益を生む公共工事のためにかなりの初期投資が必要となる。しかしこういった支出項目は、ほぼ例外なしにたっぷりとした収益で報われるものであり、それが税収の助けとなる。したがってこれらはここでの計算に加える必要はない。[*1]

では次の試算に含まれたほとんどの項目を個別に見ていこう。

＊1訳注　なぜ次頁の表に（J）がないのかはよくわからない。

	初期投資（ポンド）	維持費と運転資金（ポンド）
(A) 街路 25 マイル（市街部） 1 マイル 4,000 ポンド	100,000	2,500
(B) 追加街路 6 マイル（農地部） 1 マイル 1,200 ポンド	7,200	350
(C) 環状鉄道と橋梁 5 1/2 マイル 単価 3,000 ポンド	16,500	1,500 （維持費のみ）
(D) 6,400 児童または総人口の 1/5 が通う学校、1 人あたり初期投資 12 ポンドで維持、管理等 3 ポンド	76,800	19,200
(E) 市役所	10,000	2,000
(F) 図書館	10,000	600
(G) 美術館	10,000	600
(H) 公園、単価 50 ポンドで 25 エーカー	12,500	1,250
(I) 下水処理	20,000	1,000
小計	263,000	29,000
(K) 263,000 ポンドの利息 4.5%	11,835	
(L) 債務 30 年返済用積立金	4,480	
(M) 敷地所在の自治体に支払う税金用の残金	4,685	
総計	50,000	

（A）街路や道路

この項目でまず理解すべき点は、人口増加に伴って新しい街路をつくるコストは、ふつうは地主が負うことはないし、税収から支払われることもない、ということだ。それは通常、建物の施主が支払い、それを地方自治体が無料の贈り物として接収することになる。したがって、この10万ポンドのかなりの部分は、不要になるかもしれないのは明らかだろう。専門家ならまた、道路用地のコストは別のところで準備してあったことを覚えていてくれるはずだ。試算額が十分かどうかという問題を考えるなら、大通りの半分と、街路や通りの3分の1は公園の性格を持つものと考えられるから、それを敷設して維持管理するコストは「公園」の費目で扱われることも留意してほしい。さらに道路の建設材料は近場で得られるはずだし、鉄道のおかげで道路からは激しい交通がなくなるために、あまり高価な舗装は必要ないかもしれないことも考えてほしい。

しかし、この4000ポンドというコストは、地下共同溝をつくるなら（そしてそれはおそらく必要だろう）まちがいなく不足だ。それでも以下のような考察から、わたしはこのコストは計上しないことにした。地下共同溝は、それが役に立つところでは、経済性をもたらすはずなのだ。水道やガス、電力幹線の敷設や補修で絶えず路面を掘り起こしたりしないから、道路の維持管理費は下がるし、ガスや水道などの漏れもすぐに見つかるようになるから、共同溝はコスト的に引

き合う。だから共同溝のコストは、水道やガス、電気設備などのコストに含まれるべきだし、こういうサービスはほぼまちがいなく、それを建設する企業や協同組合にとっては歳入源となるのだ。

(B) 地方道

これらの道路は、幅がたった13m[*2]だし、1マイルあたり1200ポンドで充分だろう。この場合、用地費は推計に含めなくてはいけない。

(C) 環状鉄道と橋梁

用地費はすでに別のところで手当てされている（105ページを見よ）。維持管理にはもちろん、運転資金（たとえば機関車の費用など）は含まれていない。これをカバーするには、コストに基づいて商人たちに料金支払いを要求することが考えられる。道路の場合と同じく、こうしたコストが税・地代から支払えることを示すことで、わたしがそもそも証明しようとしていた以上のことが証明されているということは、留意していただきたい。わたしが証明しているのは、税・地代が地主地代をまかなうのに十分だというだけでなく（というのも、そういう目的の費用は賃料から支出されるのがふつうだから）、さらには**自治体として、の活動領域を大いに拡大するのにも十分だということ**なのだ。

*2 訳注　原文では40フィート。

ここで、この環状鉄道が商人にとって、自分の倉庫なり工場なりから物資を輸送する費用を節約してくれるだけでなく、鉄道会社からのリベートを得るためにも役に立つことを指摘しておくといいだろう。一八九四年の鉄道運河料金法の第4条によると、以下のように定められている。

「商品が鉄道会社によって、その鉄道会社の所有ではない支線や分岐線で配送されて鉄道会社とその商品の発送者または受取人との間で、その発送人なり受取人なりに課された料金についての割引やリベートについて紛争が生じた場合には、鉄道会社が鉄道駅の保管サービスや終着駅サービスを提供しない場合については、公正かつ正当な割引やリベートの水準として何が正当であるかについてヒアリングを実施して決断する権限は鉄道運河コミッショナーが保有する」

(D) 学校

学童一人あたり12ポンドという試算は、ほんの数年前(一八九二年)にロンドン学校委員会において、学校の建築、設計、施工監理、さらには内装や外装費用の一人あたりコストに相当するものだ。そしてこの金額で、ロンドンよりはるかに優れた建物が建てられることは、誰でもわかるはずだ。敷地の節約についてはすでに述べたが、ロンドンでは児童一人あたりの敷地費用は6・58ポンド[*3]だとい

＊3訳注　原文では6ポンド11シリング10ペンス。

うことは述べておこう。

この試算がいかに十分かを示すためには、イーストボーンである企業が建てようとしている学校のコストを見てやることができる。この学校は「学校委員会に手を触れさせない」ことを狙って建てられており、定員400児童で2500ポンドと推計されている。これは田園都市の試算で、一人あたりの学校コスト合計の半分よりちょっと多い程度のものだ。

維持管理コスト、児童一人あたり3ポンドというのはたぶん十分な額だろう。教育協議会の委員会報告、一八九六－七、c.8545で、イングランドとウェールズにおける「実際の平均就学学生一人あたり支出」は2・6ポンドとなっている[*4]ることからもそう判断できる。さらに述べておくべきこととして、この試算では教育費用はすべて田園都市が負担することになっているけれど、実はそのかなりの部分は、ふつうは国の大蔵省が負担するものだ、という点がある。前出の報告書によると、イングランドとウェールズにおける、実際の平均学童一人あたり歳入は、1・06ポンドだが、田園都市ではこれが3ポンドだ。したがってここでもわたしは、そもそも証明しようとした以上のことを証明しているわけだ。

（E）市役所と管理運営費用

さまざまな公共事業の試算は、専門的な監理と建築家やエンジニア、教師など

*4 訳注　原文では2ポンド11シリング11・5ペンス。

の監督費用もカバーするものと想定されている。この費目での維持管理と運転資金2000ポンドは、それぞれ個別の費目でカバーされている以外の市の職員や、係官の給料と、臨時支出だけをカバーするものである。

(F) 図書館、(G) 美術館

たいがいの場合、後者は税収入以外の資金源でつくられることが多いし、前者もそういうケースがめずらしくない。したがってここでもまた、わたしは、必要以上に自分の主張を証明していることになる。

(H) 公園と街路の植栽

この費目は、事業全体が完全に良好な財務状況になるまでは発生しないし、公園の空間はかなりの期間にわたって農業地として歳入源になることも考えられる。さらに、公園空間のかなりの部分は、自然状態のままで残されることになるだろう。公園空間のうち、16ヘクタール[*5]は道路の植栽部分だが、街路樹や茂みの移植は大した費用はかからない。また、公園空間のかなりの部分はクリケット場や芝テニスコートなどの競技場として確保され、こうした公共のグラウンドを使うクラブに対し、それらの整備費用についてある程度負担を求めてもいいだろう。これはほかのところでふつうに行われていることだ。

＊5訳注　原文では40エーカー。

この点について言うべきことはすべて、第1章の87ページと第2章の96ページで述べた。

（I）下水処理

（K）利息

これまで扱ってきた公共事業の建設に必要な資金は、金利4・5%で借り入れる予定となっている。ここで起きる問題は——第4章で一部とりあげた問題だが——「B」債券で融資する人々は、どのような担保を得られるのだろうか、ということだ。

わたしの答えは3つある。

1．土地の改善や建築のためにお金を提供する者にとって、そのお金の安全性のかなりの部分を決めるのは、実際にはそうやって提供された資金がいかに有効に使われるかということだ。そしてこの事実を適用すれば、投資を行う公共として資金提供を求められてきた類似の改善や建築と比べたとき、道路延長で見ても、得られる公園の広さからみても、きちんと就学環境を提供された児童の数から見ても、支出の有効性という点ではこれほどの安全性を持ったものはほかにないと断言してもいい。

2．土地の改善や建築のためにお金を提供する者にとって、そのお金の安全性のかなりの部分を決めるのは、ほかの人たちが独自の支出を行って同時に実行する、その他のもっと価値の高い作業が存在するかしないか、という考慮である。つまり最初に述べた資金の提供の担保となるのは、ほかの事業ということになる。そしてこの2番目の事実を適用して、ここに述べた公共事業を実施するための資金は、ほかの上物――工場や家屋、店舗など（これはいつの時点でも、必要な公共工事よりはるかに高価につく）――が建設されようとしていたり、あるいは建設中だったりするときに限ってのみ、募集されるので、その安全性の質はきわめて高いものとなるといえる。

3. 農用地を市街地、しかも考え得る最高の市街地に変えるのに使うお金の場合以上に安全性の高いものは、ほとんどないと言っていい。

この事業は実は3％の安全性を持った事業方式であり、事業の後の段階では、実際に3％の利息を提供するものとなるだろうということについては、わたしはほとんど疑問視していない。[*6] しかしながらわたしとしては、各種の目新しい部分こそがこの事業を安全にしているものであっても、目新しいがゆえに安全には見えないということも理解しているし、だから投資機会を求めているだけの人にしてみれば、目新しいがゆえに信用できないと見るかもしれない点も忘れてはいない。最初の例では、

＊6訳注　これは事業がもうからないと言っているのではない。ハイリスク・ハイリターンの原則をもとに、投資リスクが低いから3％でもみんなが喜んで投資するくらい安全なのだ、という話をしている。

資金を提供する人の動機はいささか入り混じったものになっていると考えざるをえまい——公共心や事業精神に加えて、一部の人は、自分たちの買った債券をプレミアムつきで転売できるだろうという信念を胸中に持っているはずだ。そして実際、プレミアムつきでの転売はできるはずだ。したがって、ここでわたしは4・5%を提示しておくけれど、それで良心がいたむ人がいれば、その人は2%や2・5%で応募してくれてもいいし、無利息で資金を提供してくれてもまったくかまわない。

(L) 積立金

積立金は、負債を30年で完済するためのものだが、これほど長期にわたる事業のために地方自治体がふつうは提供するものと比べて、条件はきわめてよい。地方自治体の行政府は、もっと長期にわたる元金返済積立金を持った債券発行をしょっちゅう認めている。さらに、敷地の土地代についての積立金はすでに別のところで確保してあることもお忘れなく(第4章、112ページ)。

(M) 敷地所在の自治体に支払う税金用の残金

田園都市のスキームが、外の所在地方自治体のリソースにかける負担がきわめて少ないのは、いずれわかるだろう。道路や下水、学校、公園、図書館などは、この新しい「自治体」の資金をもとにつくられる。現在この敷地にいる農業者にとっては、このスキーム全体は「税負担援助」のような存在となるはずだ。というのも、税金というのは公共事業のために徴収されるものなのだから、税収から新規に求められる支出がほとんどか、まったくないのに、納税者の数は大幅に増える以上、一人あたりの税金はどうしたって下がるしかないからだ。

しかしながら、田園都市のような自発的組織が代替できない機能もあることも、忘れてはいない。たとえば警察や貧困者救済の措置などだ。後者については、このスキーム全体によって、そうした目的での徴税は不要になるはずだ。田園都市は、最悪でも用地費の支払いが完全に終わった時点以降では、物入りな高齢市民全員のための年金を提供するからだ。一方で田園都市は、その発端から慈善事業はめいっぱい行う。さまざまな機関のために合計12ヘクタールの敷地を確保してあるし、いずれはそうした機関の維持運営コストもすべて負担するようになるのはまちがいない。

警察のための徴税となると、町に3万人の市民が入居することで、それが大して増えることがあるとは考えられない。この3万人はほとんどが法を遵守する階級に属している。というのも、地主はたった一人しかいないし、その一人というのはこのコミュニティ全体なのだ。したがって、警察の介入をしょっちゅう必要とするような環境ができあがるのを防ぐのは、大して難しくないはずだからだ（第

7章を見よ)。

この田園都市の住民が、得られるメリットとの比較に基づいて喜んで提供するはずの税・地代が、十分すぎるくらいに潤沢なものであるというわたしの主張は、これでいまや完全に証明されたものと思う。この税・地代によって、(1)担保債券の利息という形で地主地代を支払い、(2)地主地代をいずれ完全に不要にするための積立金を用意し、(3)議会立法によって強制的に徴税することなしに、町の行政区としてのニーズに応えられる――つまりコミュニティ自体が地主として保有する強大な力だけに頼ってそれができる、ということを示せたはずだ。

(N) 歳入を生み出す支出

もし、ここまでですでに到達した結論――つまりここで提案された実験が、きわめて効率の高い労働と資本の支出を行える場となるということ――が、通常は税収から支出される費目について確実なものだとすると、その結論はまた路面電車や照明、上水道などについても、同じくらい確実なものであるはずだと考えられる。これらは、行政区によって運営されたときにはふつう歳入源となって、納税者にとっては税金を軽くすることで負担の軽減となる事業だ。そして、こうした事業からの見こみ収益については、歳入の検討で一切何も追加していないので、支出のほうでも一切試算は行わないものとする。

第6章　行政管理

「都市生活の現在の邪悪は、一時的なものだし修正可能だ。スラムの廃止とそこに巣食うウイルスの破壊は、沼地の干拓と、そこに潜む瘴気の完全な一掃と同じくらい実現可能なこと。現代都市における大量の人々を取り巻く条件や状況は、肉体面でも精神面でも道徳的な性質面でも、最高の発展をもたらすような形で、かれらのニーズに応えるように調整できる。現代都市の問題と称されるものは、一つの中心的な問題のさまざまな段階にすぎない。その問題とは、『都市住民の福祉に最も完全に適合した環境とはどのようなものか』というものだ。そして、こうした問題のすべてについて、学問は取り組んで答えを出せる。現代都市の科学――人口密度の高いグループにおける共通の懸案事項の秩序化の科学――は、さまざまな分野の理論的知識や実践的知識を活用したものになる。管理学、統計学、工学や技術科学、衛生学、教育、社会、道徳学などがそこに含まれる。この都市行政ということばを、コミュニティのあらゆるできごとや利害をすべて秩序化するといういちばん広い意味で使い、さらには都市生活を偉大な社会的事実として喜んで合理的に受け入れるためには、大都市の住民として人々を結びつける合法的な利害を共有する人々の福祉を高めるように都市行政が努めることを要求しているのだということを理解するなら、本書が書かれた視点も理解できるだろう」

――アルバート・ショー『欧州大陸市政論』(一八九五)

第4章と5章では、運営委員会の使える資金をとりあげて、信託財産管理者が町の地主としての権限を行使して徴収する税・地代が、以下の目的に十分足りることを示そうとした。そしてそれは成功したと信じる。それらの目的とは、（1）敷地を購入するときの担保付き債券の金利を支払う。（2）比較的早い時期に、コミュニティがそうした債券の金利負担から免れるようになるための積立金を提供する。（3）運営委員会として、ほかのところでは強制的に徴収される税金を使って実施されるような事業を実施すること。

ここで生じるのがきわめて重要な問題で、それは自治体機関はどこまで拡大すべきなのか、そしてそれが民間企業に対してどこまで優先されるべきかということだ。われわれはすでに、ここで支持されている実験が、ほかの数々の社会実験の場合とはちがって——産業の完全な公共所有や民間企業の廃止などは行わない、ということを、読めばわかるような形で述べてきた。しかしながら、コントロールやマネジメントの面で、公共と民間の間の一線を決める原則とはなんだろう。ジョセフ・チェンバレン氏はこう語っている。「自治体活動の真の領域は、コミュニティが個人よりも上手に実施できることに限られる」。

まさにそのとおりだが、これは自明であり、これだけではわれわれは少しも先へ進めない。というのも、問題になっているのは、そのコミュニティが個人よりも上手にできることというのが、具体的には何なのか、ということだからだ。そしてこの問題の答えを探そうとすると、真っ向から対立する考え方が二つ見つかる――一つは社会主義者の視点で、富の生産と分配のあらゆる段階はコミュニティが行うのが最適である、という。もう一つは個人主義者の視点で、そういうことは個人に任せておくのがいちばんいい、という。しかしながら本当の答えは、この両極端のいずれで見つかるものでもなく、実験によって探し求め、そしてコミュニティごとに、あるいは時代ごとにちがうものなのだろう。自治体機関の知性と誠実さが増大し、中央政府からの自立性が高まれば、自治体活動はかなり広い領域にまで広がることになるかもしれない――特に自治体の所有する土地においては――そしてそれでいて、この自治体はがっちりした独占を主張したりはせず、組み合わせによる最大限の権利が存在することになるかもしれない。

これを念頭においたうえで、田園都市の自治体は最初のうちは慎重に運営され、あまり手を広げすぎないようにする。運営委員会が何もかもやろうとするなら、自治体として公共事業の必要資金を捻出する苦労もずっと大きくなってしまう。そして最終的に発行される募集趣意書では、信託されたお金でこの協同組合が何をするのか、はっきりと記述されることになる。その事業範囲は、経験的に自治体が個人よりも上手にできると証明されたもの以外はほとんど含まないはずだ。これまた言わずもがなだが、入居者側としても、支払う「税・地代」が何に使われるのかをきちんと理解できたら、適切な「税・地代」を支払う意欲もずっと高くなるだろう。そしてこれがきちんとできたら、自治体機関の活動範囲をもっと適切に広げるときだって、困難はほとんどないだろう。

すると、自治体機関がカバーすべき領域は何かという問いに対するわれわれの答えは、次のようになる。その範囲は、入居者たちが税・地代をどれだけ喜んで支払ってくれるかという点だけによって決定され、そして自治体による事業が効率よく誠実に行われるにつれて、その割合は高まり、それが低効率で不誠実に行われれば、その割合は低下するわけだ。

たとえば入居者たちが、最近「税・地代」として支払ったほんのわずかな追加の負担で、自治体があらゆる用途のためのすばらしい水道供給をしたと認識したとしよう。そしてこんな少額負担でこんな優れた成果が出るというのは、営利目的の民間企業ではとても実現不可能なことだと納得したとしよう。この場合、入居者たちは、公共事業で有望そうな実験をもっとやらせてもいいと思うだろうし、むしろやってくれと熱望することだろう。

この点で、田園都市の敷地というのは、ボフィン夫妻の有名なアパートのようなものだと考えてもいいかもしれない。このアパートというのは、ディケンズの読者であればご存じだろうが、一方は「ファッションに手練れの」ボフィン夫人の趣味にしたがって内装がしつらえられ、反対側はボフィン氏が大いにお気に召した、がっちりした快適さの考え方に基づいてしつらえられていた。でも両者とも、もしボフィン氏のほうがファッション面で「最先端」になったら、ボフィン夫人のカーペットはだんだん「派手さを控え」、一方でボフィン夫人が「あまりファッションに手練れでなくなったら」、ボフィン氏のカーペットのほうが「派手さを増す」、という点についてはしっかり合意してあった。同じように、田園都市でも、住民たちが事業の点で「手練れ」になったら、自治体は「派手さを控え」、住民たちが事業の点で「手練れで」なくなったら、自治体は「派手さを増す」わけだ。だからこのためあらゆる時点で、自治体職員と非自治体労働者の職の比率は、公共事業に伴う公共行政の技能と誠実さを反映したものになる。

しかし田園都市の行政は、あまりに大きな事業領域に手を出そうという試みには顔をそむけると同時に、各行政サービスの部門ごとの責任が、その部門担当者に直接負わされるように組織の枠組みを整える。そうすれば、膨大な中央組織に責任が漠然と負わされているために、実質的に責任の所在が見えなくなってしまうようなこともない。責任の所在があいまいだと、市民としては、漏れや摩擦がどこで生じているのかを見極めにくくなってしまう。

この組織方法は、大規模でしっかりした企業をモデルにしている。こういう企業は、さまざまな部に分かれていて、各部は自分たちの存続をきちんと正当化できるよう求められる――そして職員はその事業についての一般知識に基づいて選ばれるのではなく、その部の仕事についての専門性に基づいて選ばれる。

運営委員会

運営委員会は以下の2つで構成される。

1. 中央評議会
2. 各種の部

中央評議会

この評議会（またはその評議員たち）は、コミュニティから田園都市の唯一の地主としての権利と力を託されている。入居者たちから受け取った税・地代はすべて（地主地代と積立金の分を差し引いてから）この財務部門に入るし、さまざまな自治体の公共事業からくる利益もここに入る。そしてその収入は、すでに見たように、強制的な徴税に頼らなくてもすべての公共としての義務を果たすのに十分な金額だ。

読み進んでもらえればわかるが、中央評議会の持つ権限は、ほかの自治体が持つ権限よりも大きい。既存の自治体のほとんどは、議会による立法に基づいて明示的に委譲された権限だけを行使できるのに対し、田園都市の中央評議会はコモン・ロー（慣習法の体系）のもとで地主が行使できる、もっと大きな権利や権限や特権を、人々になり代わって行使できるからだ。土地の個人所有者は、ご近所の迷惑にならない限り、その土地や、そこからの収益を自分の好きなようにできる。ところが、議会の立法に基づいて土地を買ったり徴税権を獲得したりする公共体は、その土地や税収を、立法で明記された目的にしか使えない。田園都市はずっと優れた立場にある。準公共主体なのに個人地主の権限を持つことで、他の自治体が持つよりも人々の意志を実現するための権限が大幅に拡大し、地方自治の問題の大部分がこれで解決されるからだ。

でも中央評議会は、大きな権限を持つけれど、管理運営上の便宜からその多くをさまざまな部に委託する。ただしその際には、次の責任は自分で留保する。

1. 敷地のレイアウトについての全体計画
2. 学校、道路、公園など、それぞれの部にまわされる金額
3. 全体としての統一性と調和を保つための、必要最低限の部門監督と統括手段

各種の部

各種の部は、次のような部門に分類できる。

(A) 公共管理部門

（B）エンジニアリング部門

（C）社会目的部門

部門（A）公共管理部門

この部門は、以下の小部門で構成される。

財務

評価

法律

監査

財務

税・地代はすべて（地主地代と積立金の分を差し引いてから）この財務部に入る。そしてここから、中央評議会の審議に基づいて各部への必要額が支出される。

評価

この部は、入居希望者からの申請書を一括して受け付けて、支払われるべき税・地代を決定する――しかしながら、こうした税・地代はこの部が勝手に決めるのではなく、別の評価委員会群が採用した基本原則に基づいて決められる――本当の決定要因は、平均的な入居者[1]が喜んで支払う金額である。

法律

この部は、借地が認められる際の条件や、中央評議会が交わし締結すべき契約の内容について決定する。

監査

この部は、地主としての権限の範囲内で、自治体としての監査にかかわる合理的な責務を果たす。その責務の多くは、自治体の入居者たちとの間でお互いに合意されたものとなる。

部門（B）エンジニアリング部門

この部門は、以下の部で構成される――この中の一部は、後になってから創設されるものだ。

道路

公園や公開空地

地下溝

排水

1　この個人は評価委員会が「仮想的入居者」と呼ぶものだ。

下水
運河
路面電車
灌漑
公共建築（学校以外）
動力と照明
通信

部門（C）社会目的部門

この部門も、各種の小部門で構成される。
教育
図書館
浴場や洗濯所
音楽
レクリエーション

運営委員会の委員選定

委員は（男でも女でもいい）税・地代の支払い者によって、一つ以上の部を管轄するように選出され、そして各部の部長と副部長が中央評議会を構成する。

　このような組織のもとでは、コミュニティはその公僕の仕事をきちんと推計するきわめて有効な手段を持つことになると考えられている。そして選挙時にも、目の前の争点が明確にはっきりとわかるだろう。候補者たちは立候補するときにも、地方政策のありとあらゆる面にわたる無数の問題について、考え方を提示しなくてもすむようになる。どうせそうしたことの多くについては、かれらとしてもはっきりした考えは持っていないし、多くはかれらの任期中にもちあがってもこない問題のはずなのだ。かれらは単に、ある特定の問題か問題群についてだけ意見を述べればいい。町の福祉に直接結びついた、選挙民にとって火急の重要性を持つ点についてのみ、しっかりした考えを述べればいいことになる。

第7章　準公共組織——地方ごとの選択肢としての禁酒法改革

前章で、公共事業と民間事業との間にはっきりした一線を引くことはできない、ということを見た。公共についても民間についても「ここまではきてもよろしいが、ここから先はきてはならぬ」とはっきり決めることはできないのだ。そして絶えず変化をつづけるというこの問題の性質は、田園都市の産業生活検討において、完全に公共でもなければ完全に民間でもない、いわば「準公共」ともいうべき事業を参照して考えると有益だろう。

既存の自治体で、いちばん信頼できる歳入源は、いわゆる「公共市場」だ。しかしこうした市場は、公共公園や公共図書館、上水道など、公共用地で公共職員により公共の費用を使って、純粋に公共的なメリットを高めるために実施される事業など、完全な意味での公共事業ではまったくない。逆にわれわれの通称「公共市場」はほとんどの場合、民間の個人たちが運営し、かれらが自分の占有する建物の部分について料金を支払い、そしてわずかな点をのぞいては自治体の指図を受けず、そこから上がる収益はさまざまなディーラーが享受するのである。したがって、この市場は準公共事業と呼ぶのがふさわしい。

本来はこの問題にはほとんど触れなくていいはずなのだが、田園都市の主要な特徴となる準公共事業の一形態に、この話は自然とつながっていくのである。この準公共事業は、水晶宮で見つかる。もしご記憶でなければ、これは広いアーケードで、中央公園を取り囲み、田園都市で販売されている最も魅力的な商品が展示されていて、しかもこれは大ショッピングセンターであると同時に冬用の温室にもなっているため、市民たちのリゾートとしていちばんお気に入りに場所の一つとなっている。店舗での商売は自治体が実施するのではなく、さまざまな個人や集団が行うが、商人の数は現地の裁量の原則に任せて制限されている。

このシステムを採用するための考慮事項は、一方では製造業者と、もう一方では町に出向く流通業者や商店主の場合の差から生じている。だからたとえばブーツ製造業者の場合、町の人たちがブーツの常客になってくれるのはありがたいだろうけれど、でも町に依存しきっているわけではぜんぜんない。かれの製品は全世界に販売される。だからかれとしては、地域内のブーツ製造業者の数を特に制限したいと思うことは、ほとんどないはずだ。逆に、その種の制限があったら、メリットよりもデメリットのほうが大きいだろう。製造業者は、同業者が近郊にいてくれるのを好むほうが多い。そうすれば、男女の熟練労働者の選択肢もずっと広くなる。そしてその労働者たちもそのほうが、雇い主を選べるからありがたいのだ。

でも商店や店舗となると、話はまったくちがってくる。田園都市で、たとえば布地店を開こうとしている個人なり組織なりは、競合相手の数を制限するための取り決めがないかどうか、是非とも知りたがるだろう。その店は町や近郊との取引にほぼ完全に依存するからだ。民間の地主も、土地を開発するときには、商店テナントと取り決めを交わすことがよくある。同じ敷地で営業を開始する同業者たちの洪水に埋もれてしまうのを防ぐためのものだ[1]。

だから問題は、以下のような条件を同時に満たす、適切な取り決めをどういうふうにつくるか、ということになるだろう。

1. 店舗経営層のテナントたちがきて開業し、コミュニティに適切な税・地代を支払うようにし向ける。
2. 161ページの脚注2で述べるような、店舗のばかげた無駄な重複を避ける。
3. 通常は競争によって得られる（あるいはそう言われる）メリットを確保する——たとえば低価格、選択肢の増大、公平な取引、礼儀正しさなど。
4. 独占にともなう害を避ける。

これらの結果はすべて、簡単な措置一つで確保できる。そしてこの措置で、競争は活発な力ではなく、潜在的な力となって、こちらの意図にあわせて活躍させたり寝かせておいたりできるようになる。その使い方は、すでに述べたとおり現地の裁量の原理を適用することになる。

説明しよう。田園都市は唯一の地主だ。だから、テナント候補——ここでは布

1 編注　小売業者の数と、各店舗で行われるべき取り引きの階層を制限するというハワードの提案は、用地会社によりウェリン田園都市で採用されたが、かれが考えたような直接民主主義的なコントロール下には置かれなかった。この政策は地元である程度の論争を招いたが、その結果は、開発の財務への影響も実施された小売サービスの品質も検証に値する。

地や装飾品を扱う協同組合か個人事業主だとしよう――に対して大アーケード（水晶宮）における長期リースを、一定の年間税地代で提供できる。そしてそのテナントに対し、田園都市は実質的にこう言えるのだ。

「この敷地は、その区でわれわれがあなたの業種の店舗に対して今のところ貸そうと思っている唯一の敷地です。でもこのアーケードは、町と区の大ショッピングセンターであり、町の製造業者が自分の製品を展示する常設展示場でもありますが、同時に夏期と冬期の温室でもあるのです。したがってこのアーケードがカバーする面積は、まともな大きさにとどめられた商店や店舗用に必要とされる面積よりずっと大きいものです。

さて、あなたがこの町の人たちに満足を与えつづける限りは、こうしたレクリエーション目的の用地があなたと同じ業種の事業者に貸し出されることはありません。でも、独占を予防する必要があります。したがってもし市民があなたの商売のやり方に不服を感じて、競争力をあなたに対立するように作用させるべきだと望んだら、一定数の同意さえ得られれば、アーケード内の必要な空間が対抗商店を開くのに望ましいと自治体が判断した業者に割り当てられますよ」

この取り決めのもとでは、商人はその顧客からの支持が必須となる。もし高すぎる値段をふっかけたら、もし商品の品質をごまかしたら、もし労働時間や賃金などの面で従業員に適切な待遇を与えなかったら、かれは自分の顧客の人気を失うという多大なリスクを冒すことになる。そして町の人々は、かれについてどう思っているかを表現するきわめて強力な手段を手に入れることになる。市民は、あっさりとその業種に新規の競合相手を招き入れればいい。でも一方で、商人がその機能を賢明かつ上手に実行すれば、その善意はお客の人気という堅実な基盤に支えられて、保護されることになる。

したがって商人が手にするメリットは莫大なものとなる。ほかの町では、なんの警告もなしに同業種の競合相手がいつ何時参入してくるやらわかったものではない。それはまさに、シーズン中に売り切らなければ大幅な損金計上を赤字にして処分するしかないような、高価な商品を仕入れた直後かもしれないのだ。ところが田園都市では、こうした危険については十分に通知がくる——準備をしたり、あるいはそれを回避したりさえする時間がある。

さらにコミュニティのメンバーは、商人に道理をわからせる以外の目的で競合をその分野に持ち込むことに興味がないばかりか、そうした競合をなるべく後ろに追いやっておくほうが、利害の面でいちばんいいのだ。もし競争の炎が商人を苦しめるなら、町の住人たちも一緒に苦しむしかない。ほかの目的で使ったほうがずっといい空間を失うことになる——最初に店を開いた商人が、可能なら提供したであろうものより高い価格を支払うことになるし、自治体サービスを一つでなく二つの商人に提供しなくてはならず、一方で競合2店舗は、最初の商人ほどには多額の税・地代を支払えない。というのも多くの場合、競争の結果として、どうしても商人は価格をあげざるを得なくなるからだ。

つまりAは一日400リットル[*1]の牛乳を売って、仮に経費を支払って、そこそこの生活ができる稼ぎを得て、顧客に対しては1リットル0・015ポンド[*2]くらいで牛乳を販売できる。でも、競合相手が参入すると、Aが収支をあわせるためには、1リットル0・015ポンドで売れるのは、水で薄めた牛乳になってしまう。したがって店舗の競合は、どうしても競合相手に被害を及ぼすだけでなく、価格は横ばいかかえって高くなってしまうので、実質賃金も下がることになる[2]。

この現地裁量の方式では、町の商人たち——協同組合だろうと個人商人だろうと——は、厳密な法律上はさておき、きわめて本来の意味で公僕となる。でも、お役所主義の縦割り方式にはしばられないし、完全な創業の権利や権限を持っている。公僕に近いというのは、ガチガチで融通のきかない規則への文字通りの服従をいうのではなく、その支持基盤の人々の願望を予測し、趣味を予想して、さらにはビジネスマン、ビジネスウーマンとしての誠実さや仁義を通じて人気を勝ち取り維持するという意味でのことだ。すべての商人と同じく、ある程度のリス

＊1訳注　原文は400ガロンだから、この1・14倍。

＊2訳注　原文は1クォート4ペンス。イギリスの1クォートは1・14リットルで、4ペンスは0・167ポンドだから、帳尻的にはほぼ同じ。

2　「ニール氏（『協力の経済学』）の計算によると、ロンドンの主要小売業22業種で、独立商店が4万1735軒ある。この業種それぞれについて648店舗あるとすると——これは1ヘクタールあたり5軒で、最寄りの店にいくのに誰も400m以上歩かなくていい。これで商店総数は1万4256軒になる。この供給が十分だとすれば、ロンドンには実際に必要とされている100軒に対して、251軒の店がある勘定となる。現在、小売業で無駄に雇われている資本や労働が解放されて別の仕事にまわされたら、国全体としての繁栄度はずっと増えるはずだ」A＆M・P・マーシャル『産業の経済学』第IX章10節

クは取らなくてはならないし、そのリターンとしては、給料ではなく儲けが得られることになる。でもほかの、競争がチェックされずにコントロールもされないところに比べて、リスクははるかに小さいし、投資に対する年間収益は、かえって大きいかもしれない。ほかのところよりもずっと低い値段で販売することさえできるかもしれないし、それでも確実な取り引きがあって、需要をとても正確に計れるから、資本の回転率もきわめて高くなるだろう。また運転資金も、とんでもなく少額ですむ。顧客に対して宣伝をしなくてもいい。もちろん目新しい商品について通知はするだろうけれど、顧客を確保したり、他のところに流れたりしないようにするために、商人がしばしば行うあの努力とお金の無駄遣いは、まるで必要なくなる。

そしてある意味で公僕となるのは各商人だけでなく、商人の従業員たちもそうなる。商人たちが、従業員を雇ったりクビにしたりする全権を持っているのは事実だ。でもそれが気まぐれだったり、あまりにきびしかったり、給料が十分でなかったり、待遇がひどかったりすれば、その他の点では非の打ちどころのない公僕であっても、まちがいなく顧客の大半の支持を失うリスクを冒すことになる。一方で、利益の共有のお手本を示してくれれば、これが習慣化されて、主人と従僕という区別は次第に失われて、やがてみんな共同運営者となるかもしれない[3]。

3　この現地裁量の原則は、通常は流通系の業種に適用されるが、生産部門でも部分的に適用できるかもしれない。パン製造や洗濯業は主に近郊の取り引きに頼っているので、ある程度注意を払えばこの原則を適用できる例かもしれない。こうした業種ほどしっかりした監督とコントロールが必要な業種はないようだし、これらほど健康に直接関係した業種もない。その自治体内のパン製造や洗濯業者に対しては、こうした議論を協力に適用すべき理由があるといえる。そしてコミュニティがこうして産業をコントロールするなら、それはその産業をコミュニティが所有する道半ばといえる。コミュニティ所有のほうが望ましくて実現可能だと証明されれば、それも行われるだろう。

店舗営業に適用されるこの現地裁量の原則は、ビジネスライクなだけでなく、現在しぼられている汗まみれの過酷労働に対し、公共の良心を表明するための機会を与えてくれる。現在では、効果的にこの新たな衝動に対処するにはどうすればいいかほとんどわかっていない。このためにロンドンでは数年前に消費者連盟が設立された。その目的は、名前から想像されるように消費大衆を悪質な生産者から守ることではなく、汗みどろで過労の生産者たちを、安さを求めて騒ぎたてすぎる消費大衆から守ることだった。

この連盟のねらいは、この汗みどろの過酷な労働に対して公共が嫌悪と憎悪を示せるように、連盟が慎重に編纂した情報を提供して、過酷な労働を使った製品を細かく避けられるよう助けることだった。しかしながら、こうした消費者連盟が行ったような動きは、店主の協力がなければほとんど有効性を持たない。自分の購入するありとあらゆる商品について、それがどこからきたのかを調べようとするなどというのは、よほど熱心な過酷労働反対者だけだろう。

そして商店主は、通常の条件下ではそんな情報を与えたいなどとは思わないし、自分の売っている商品が「公正な」条件で生産されたかどうか保証したいとも思わない。すでに販売業者が過密に存在している大都市に商店を構え、しかも過酷労働を減らすためにその店を出すなんて、失敗するに決まっている。でもこの田園都市では、この面での公共の良心を表明するすばらしい機会が与えられるし、どんな商店主も敢えて「過酷労働商品」を売ろうとはしないだろうと期待する。

さらに「現地裁量」という言葉がきわめて密接に結びついている問題がもう一つあって、それをここで扱える。ここで言っているのは、禁酒法の問題だ。ここで、田園都市の自治体は、唯一の地主としての立場上、酒類の販売について考えられる限り最高にきびしい方法で対処する力を持っていることは理解されよう。自分の所有地には酒場(パブ)を開く許可を与えない地主がたくさんいるのはよく知られているし、田園都市の地主——つまり市民自身——も、そういう方向性をとることもできなくはない。が、それは賢明なことだろうか。わたしはそうは思わない。まずそうした制限は、節度ある飲酒者たちというきわめて多数の増大しつつある集団を排除することになってしまう。さらには、アルコール飲用の面であまり節度はない人でも、それを田園都市の健全な影響下に置くことで更正させようという考え方がある。そういう人々も排除されてしまうことになるからだ。

酒場(パブ)、またはそれに類するものは、こうしたコミュニティでは人々のためになる競合がたくさんあるのだ。ところが大都市では、安上がりで理性ある娯楽がほとんどないために、酒場の独壇場となってしまう。したがって禁酒法改革の方向での実験としては、酒類の販売が停止されるよりも、しかるべき規制のもとで許可されるほうが価値が高いだろう。規制の下で許可すれば、禁酒に向かう方向での影響は、もっと自然で健康な生活への変化となってはっきりわかる。でも完全

4編注　ハワードの執筆時点では、地元の選択肢を支持する強い動きがあった。つまり、酒類販売許可店舗の住民投票による地域ごとの禁止を可能にするということだ。そしてこれを実現する法律が後にスコットランドでは可決された。アメリカではこの運動は一時的に全国的禁酒法を実現した。レッチワースでは土地会社が、酒類販売禁止を支持するハワードの提案に反して、酒類販売ライセンスの問題を成人市民による投票にかけるという原則を採用し、成人市民たちはライセンス許可に反対した。そして今日なお反対は続いている。だからレッチワースでは新しいパブは建設されていない。昔からあったものが何軒か残っているだけだ。ウェリン田園都市では、パブの数を制限し、その特性を規制しよう

に禁止されてしまえば、禁止によって酒の販売がある小さな区域から完全には排除されても、他での悪影響を強化するだけかもしれないという議論を証明することになるだけだ。現在、この議論を否定する人は誰もいない[4]。

しかし、コミュニティはもちろん、酒類販売免許を持った酒場の不必要な増殖を防ぐようになるだろうし、禁酒法改革者の提案する、もっと穏健な手法のどれであっても自由に採用できるようになる。自治体機関自ら酒類販売を行って、その収益を税の軽減にあてることもできるだろう。コミュニティの歳入をそのような形で生み出すのは望ましくないと反対する勢力も強い。だから、その歳入はすべて、酒類販売と競合するような使途に向けるか、あるいはアルコール依存になった人々のために病院をつくって、酒の悪影響を最小化するほうがいいかもしれない[5]。この点や、関連するすべての点について、わたしは現実的な提案を持った人々の発言を招きたい。そして田園都市は小さな町ではあるけれど、それぞれの区で、見込みのありそうな提案を別々に試してみるというのも、現実性はあるかもしれない。

というハワードの方針が採用されている。

5 『明日』が刊行されて以来、多くの企業がチェスターの枢機卿の提唱する原理にしたがった貿易を実施するという目的で設立されている。限られた固定の配当金が決まっている。それを超える利潤はすべて、有益な公的事業体に支出され、そして経営者たちは酩酊させる酒の販売を推進することに一切の関心を抱かないのだ。また、ボーンヴィル信託の財団寄付行為で、ジョージ・キャドバリー氏が酒類取引を当初から全面的に制限している。でも実務的な人間として、信託が成長するにつれ（そしてその成長力こそ信託の最も立派な性質だ）こうした完全な制約は取り除く必要が出てくるかもしれないことも見通していた。だからかれはそうした場合には「酩酊する酒類の販売と協同組合的な流通から生じる純利益はすべて、娯楽と、通常行われている酒類取引への誘因に対抗するものに使われるものとする」と定めている（一九〇二年版への原注）。

図８　実現されたハワードの思想
初の田園都市であるレッチワースの一部の空撮、1937 年頃。手前に市の中心と鉄道駅

図９　レッチワース
手前がハワード公園、中央が住宅ゾーン、奥がいなかベルト

第8章　自治体支援作業

あらゆる進歩的なコミュニティの中には、コミュニティが集合的に保有したり示したりするよりもずっと高い水準の公共心や公共的事業を持つような、社会や組織が必ず存在する。おそらく、あるコミュニティの政府は、そのコミュニティが要求して強制する平均的な感覚以上の高みに出ることはできないし、それ以上の水準で活動することもできないのだろう。そして、国や自治体組織の活動が、平均より高い社会的な責務の理想を抱いた成員たちの活動によって、啓発されたり加速されたりするならば、その社会の福祉に大いに貢献することになるだろう[1]。

そしてそれは、田園都市にもあてはまるだろう。最初のうちはコミュニティ全体どころか、コミュニティの多数派すらその重要性を理解せず、また採用すべきと考えないような、そんな公共サービスの機会がたくさん見つかるはずだ。そういう公共サービスは、だから自治体がやってくれるのを期待しても無駄だ。でも、社会の福祉を重要視する人々は、この都市の自由な空気の中で、いつでも自己責任で実験できるし、それによって一般の良心を加速して、一般の理解を拡大することができるようになる。

この本が描き出している実験全体が、まさにこのような性格のものだ。これはパイオニア的な仕事で、土地共有の経済的、衛生的、社会的なメリットについて、ただのご立派な意見にとどまらない現実的な信念を持ち、したがってそうしたメ

1 「ある社会で、新たな真理の旗を把握するだけの勇気を持ち、それを未踏の荒れた道中でも抱きつづけるだけの忍耐力を持つ者は、ほんの一部だけだ。(中略)その時代のいちばん先進的な思索知性がようやく理解し始めたような、新しい考え方や新しい行動の制約下に、コミュニティを丸ごと置こうとするなどというのは——これが実現可能だとしても、生活は相当なまでに非現実的なものとなり、社会的な崩壊への道を急ぐに等しい。(中略)新しい社会国家がある考え方を確立するには、その考え方を抱く人々が、それを公然と語り、それに対して心底から有効な形で従うことが不可欠なのだ」——ジョン・モーレイ氏『妥協について』第V章。

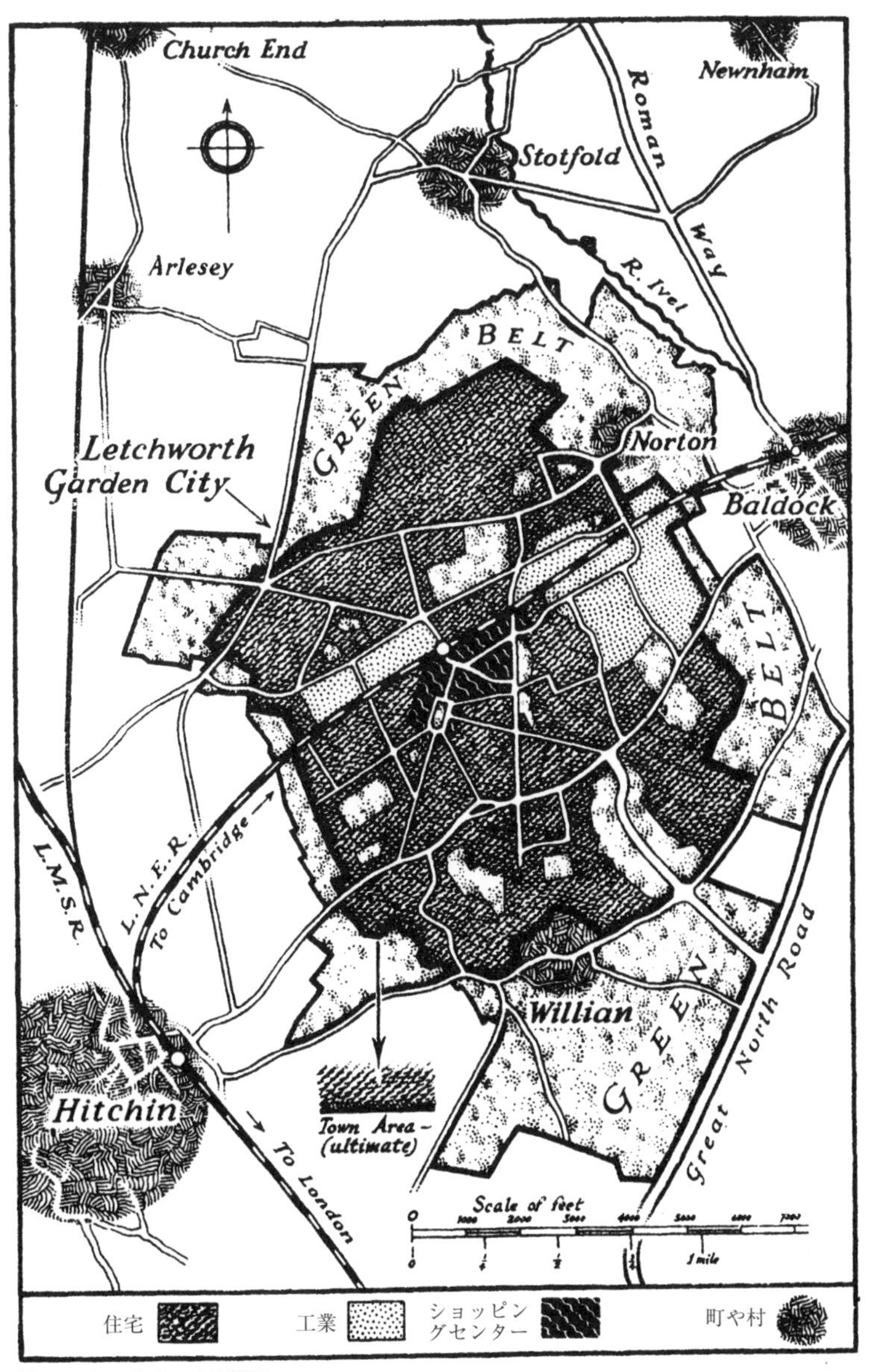

図 10　レッチワース平面図

リットが国の歳出という最大のレベルで確保せよと提案するだけでは飽き足らずに、十分な数の同じ精神の持ち主たちにすぐにでも加わって、自分たちの信念に形と実体を与えようと熱望している人々によって実行されるものだ。

そして国にとってのこの実験全体にあたるものが、田園都市や社会一般にとっては、ここで「自治体支援」活動と名付けるものだ。田園都市の実験全体が、この国をもっと公正で改善された土地保有方式へと導き、町づくりについてもっと常識的な見方をさせるためのものであるように、田園都市における各種の自治体支援活動は、町の福祉を向上させるための事業を先導する用意があっても、その計画やスキームを中央評議会に採用させるのにはまだ成功していない人々によって実行される。

各種のフィランソロピー団体や慈善団体、宗教組織、教育組織などが、こうした自治体支援や国家支援組織の集団の中で、非常に大きな部分を占めることになる。これらについてはすでに触れたし、その性質や目的はよく知られている。でも、もっと厳密に福祉の物質面だけを扱う組織、たとえば銀行や建築協会なども、この中に含まれるだろう。

ペニー・バンクの創設者たちが、郵便貯金銀行への道を開いたように、田園都市をつくりあげる実験を慎重に調べた者たちのなかから、ペニー・バンクのように創設者の利益ではなくコミュニティ全体の福祉を目指す銀行が、どれほど役に立つかを見て取る人が出るかもしれない。そういう銀行は、その純収益の総額か、あるいは一定の利益率以上の利益を自治体の財務局に払い込んで、町の当局に対して、有益で全般に危ういところがない使途については、その払い込み分を使う権限を与えるようなことができるだろう。

また、人々の住宅建設作業の面でも、自治体支援活動の範囲は広い。自治体としては、この仕事を引き受けるとあまりに手を広げすぎていることになる。少なくとも最初の段階ではそうだ。たっぷり資金を持った自治体として、そういう方向がいかに望ましいことだとされても、それは経験的に正当化される道からはずれすぎることになるだろう。

しかしこの自治体は、人々が明るく美しい家を建てられるように、さまざまに手を尽くしてきた。地域の中では、一切の過密をうまく排しているので、既存都市では解決不可能な問題が解決できている。地代と税金の年平均6ポンドだけで、十分に広い敷地を提供している。ここまでやった以上、自治体としては経験豊かな自治体改革者の警告には耳を貸すだろう。自治体事業拡大の願望は疑い得ないこの人物（ジョン・バーンズ氏、下院議員、ロンドン郡評議会委員）すらこう言っているのだ。

「ロンドン郡評議会の事業委員会には、その成功を熱望する評議員たちによって大量の仕事が山積みとなっている。評議員たちは委員会を、仕事の重荷で締め上げようとしている」

でも労働者たちが自分の家を建てる手段を求めるなら、ほかのやり方がある。建築組合をつくるか、共同組合組織や友愛組織、労働組合などを説得して、必要資金の融資と、必要な機器の手配支援を頼むのだ。真の社会精神なるものが、ただのことばや名前だけではなく、本当に存在する以上、その精神は無限に多様な形であらわれてくるだろう。この国には、よい賃金を確保している労働者集団が、有利な条件で自分の家を建てるのを支援するための資金を集め、協会を設立しようという個人や集団はたくさんいる。これは疑いようのないことだ。

融資者としても、これ以上確実な担保はない。借り手が支払っている地主地代がとんでもなく少額であることを考えればなおさらだ。もしこうした労働者たちの住宅建設が、きわめて個人主義的性格のつよい投機的な建築業者に任せられて、その業者が暴利をむさぼるようなことになれば、それは資金を銀行に預けている、大労働者組織の過失ということにもなるだろう。建築業者たちはその資金を引き出して、その資金をそもそも提供した人たちを「搾取」することになるわけだから。

労働者たちが、この自業自得の搾取について文句を言い、国のすべての土地や資本を国有化して自分たちの階級の監督下におけというのは、怠慢というものだ。

その前にまず、男女を組織化して自分の資本をもうちょっと小規模な建設作業に向けさせるという、もっと慎ましい作業で練習を積むべきだろう——かれらはいままでよりもはるかに大きな形で、資本の構築を支援しなければならない。ストライキで資本を無駄にしたりせずに、さらには資本家がスト破りで資本を無駄に使うようにするのでもなく、自分や他人のために住宅と雇用を、公正で立派な条件で確保するための支援をするのだ。資本家の弾圧に対する真の対処法は、仕事をしないことによるストライキではなく、真の仕事によるストライキだ。そしてこれに対しては、弾圧者の最後の一撃といえども、なんら対抗できる武器を持たない。もし労働指導者たちが、いま共同の組織破壊で無駄にしているエネルギーの半分でも、共同組織構築に向けてくれたら、いまの不公正なシステムはとっくに終わっているはずだ。

田園都市では、こうした指導者たちは自治体支援機能の実行のための、公平な舞台を持つことになる——これは自治体のために実行される機能であり、自治体が実行する機能ではない——そしてこの種の建築組合の形成は、最大限の効用を持つだろう。

しかしながら、人口3万人の町の住宅建設に必要な資本というと、膨大なものになるのでは？　この問題を議論した人々は、事態を次のように考える。田園都市にはこれだけの数の家があって、それが一軒いくらいくらかかるから、必要な資本総額は締めておいくら、という具合だ[2]。これはもちろん、この問題の考え方としてはまるっきりまちがっている。

この問題を、次のようにして検討してみよう。過去10年で、ロンドンに何軒家ができただろう。まあ、ものすごくおおざっぱな見当で、15万軒、それが1軒300ポンドとしよう——これは店舗や工場や倉庫は一切含まない。すると合計で、4500万ポンドだ。ではこの目的のために4500万ポンドが調達されただろうか？ もちろんだ。さもなければ家が建たなかっただろう。でも、この金額はすべて一度に調達されたわけではない。そしてもしこの15万軒を建てるのに使った実際の貨幣をたどることができたら、同じ硬貨が何度も何度も顔を出すのがわかるだろう。

田園都市でも同じことだ。田園都市では、完成までに家が5500軒できて、1軒300ポンドとしたら165万ポンドだ。でもこの資本は一挙に調達されるわけではなく、田園都市ではロンドンよりずっと顕著に、同じ硬貨が多数の家を建てるためにまわっていくだろう。

というのも、おわかりのように金は使われても、失われたり消費されたりするわけではないのだ。単に持ち主が換わるだけだ。田園都市の労働者が、自治体支援建築組合から200ポンド借りて、家を建てる。その家はその労働者には200ポンドかかったので、200ポンド分の硬貨はかれにしてみれば、消え

2 この考え方をこのように表現したのは、バッキンガム氏である。『国の邪悪と現実的な対処法（*National Evils and Practical Remedies*）』第10章を見よ。

たことになる。でも実はそれは、れんが製造業者や建築業者、大工、配管工、左官など、家をつくり上げた人々の所有物になり、そして次にはこうした職人たちと取り引きをしている取引先のポケットに入り、そこから町の自治体支援銀行に入り、するとまさにその同じ200ポンドが融資されて別の家の建設に使われるわけだ。というわけで、それぞれ200ポンドの家が2軒、3軒、こんどは4軒と建つのに、実際にあるお金は硬貨200ポンド分だけ、という一見すると異常な事態が生じることになる[3]。

でも実は、これは異常でもなんでもない。いまの仮想例のどれ一つとして、家を建てたのはもちろん硬貨なんかではない。硬貨はただの価値の物差しでしかないから、てんびんばかりと分銅のように、何度も何度も使っても、その価値が目に見えて減るようなことはない。実際に家を建てたのは、本当は労働であり、技能であり、事業であり、それが自然の無料の贈り物を活用したわけだ。そして労働者はそれぞれ報酬を硬貨で計られて受け取ったけれど、田園都市の建物や土木工事のコストは、主にその労働を動員したことによるエネルギーや技能で判断されなくてはならない。

とはいえ、金や銀が交換の媒体として認識されているのだから、それは使わざるをえないし、それを上手に使うことが大事だ——というのも、それを使う技量、あるいはその無駄な使用の抑え方は、銀行家のクリアリングハウスと同じで、町

3　これと似たような議論が、ママリー&ホブソン著、『産業の生理（*The Physiology of Industry*）』（Macmillan & Co.,）と題するとても優れた本にたっぷりと説明されている。

のコストやひいては借りた資本の金利のために毎年徴収される税金にも、とても大きな影響を持つことになるからだ。したがってその技量というのは、硬貨が一つの価値を計測したら、すぐに次の価値をはかるようにさせることに向けられる必要がある――そうやって、一年のうちにできるだけ何度も回転させて、各硬貨で計測される労働量を最大限にするわけだ。そうすれば借りた硬貨への金利分が、同じ通常の普通の利率ではあっても、労働に対して支払われた金額に比べてできるだけ小さくなる。これが効果的に行われれば、実証の簡単な地主地代での節約分に匹敵するだけの利払い分がコミュニティとして節約できるはずだ。

さて読者のみなさん、共有の土地にきちんと組織化された形で移住することで、実に見事に、そしてまるでほとんど自動的に、お金が経済的に使われるようになり、同じ一枚の硬貨がずっと多くの目的を果たすようになることが、これでおわかりだろう。お金というのはしばしば「市場の麻薬」と呼ばれる。労働そのもののようにそれは魔法がかかったようなところがあって、だから一方で銀行には金銀で何百万ものお金がなにもせずに寝ているのに、その銀行が面している通りでは、人々が文なしで仕事もなくうろついていることになる。でも、この田園都市の敷地では、働く意欲のある人々が職を求める声は、もはや無駄にはならない。つい昨日まではそうだったかもしれないけれど、今日、魔法にかかっていた土地は目覚めて、大声で子供たちを呼んでいるのだ[4]。仕事を探すのに苦労はない

4　下院議員A・J・バルフォア氏は、都市への移住について次のように述べている。「農業が不振なら、都市への移住が増えざるを得ないのはまちがいない。でも、農業が20年前ほど豊かだったら、あるいは夢見がちな人の中でもひときわ夢見がちな人の最大の夢想くらいに豊かだったら、この地方部からの移住をやめさせられるかもしれないなど、議員の誰一人としていささかでも考えてほしくない。この移住は、われわれが可決できるどんな法律でも永続的には変えられないような原因と自然法則によるものなのだから。単純な事実として、地方部では可能な投資が現に一つしかなく、それ以外にあり得ないのであり、さらに労働の雇い手も一種類しかないのだ。農業が豊かになれば、町への移住は減るだろう。それはまちがいない。でも農

──それも、儲かる仕事だ──火急をきわめる、必須の仕事──故郷の都市をつくる仕事であり、そして人々がこの都市や、いずれ必ず後につづく他の都市の建設を急ぐにつれて、都市部への移住──それも過去のものとなる古い、混在した混沌きわまるスラム街への移住──は見事に見直されることとなり、人口の流れはまさに反対方向へ向かうことになるだろう──これらの明るく美しく、豊かできれいなニュータウンへと向かうのだ。

業がどんなに繁栄しても、これ以上は土地に資本を投下できず、労働を土地にこれ以上向けられない普通の地点がいずれやってくる。そしてその点に到達してしまったら、婚姻が現在のような頻度で起こり、いまほどの大家族が続く限り、地方部から都市への移住は起こらざるを得ないのだ。雇用が一種類しかなく、しかもその量が土壌の自然の要領ではっきり制約されているところから、投資を求める資本の量からくる制約と、その資本を活用できる労働の量以外には、労働の雇用にまったく何の制約もないところへの移住が起こる。もしこれが政治経済の深遠な教義であるなら、わたしはこれを下院で述べるのをためらっただろう。下院では政治経済というのは、バカにされて非難されるものになってしまったからだ。でも、いま述べたのは実際には、自然法則を単純に述べただけであり、これはみなさんにきちんと留意してもらいたいと、心底からお願いするものである」Parliamentary Debates（議会討論）、一八九三年十二月十二日

第9章　問題点をいくつか検討

「（ジェームズ・）ワットはよく、発明や発見と称する代物について相談を受けたけれど、かれの答えは決まっていて、モデルをつくって試してみなさい、というのだった。ワットは、機械工学における新機軸の価値を計る唯一の真の試験がこれだと考えていたのだ」

――『日々の書』

「利己的な人々や議論好きな人々は団結しない。そして団結なしには何も達成できない」

――チャールズ・ダーウィン『人間の進化と性淘汰』（一八七一）

「共産主義、あるいはそこそこ発展した社会主義ですら、なにが問題かというと、それが人間の多様な性質に応じた要求を行う自由や、その要求を満たすために努力する自由を妨害してしまうということだ。たしかにそれは、万人にパンを確保するかもしれないけれど、人はパンのみにて生くるに非ず、という教義を無視している。未来はおそらく、社会主義か個人主義かでお互いにやりあっている人々のものではない。社会と国家について、個人主義と社会主義の両方がそれぞれきちんと取り分を持つような、真の重要な有機的なあり方を探し求める人々のものだ。文明人とその命運を乗せた帆船は、このようにアナーキーというスキラと圧制というカリュブディスとの間で、進退窮まることなくバランスのとれた航路を進むこととなるだろう」

——「デイリー・クロニクル」紙、一八九四年七月二日

さてわれわれのスキームのねらいや目的を、抽象的ではない具体的な形で述べたので、読者の頭に生じるかもしれない反論について、ここで手短に触れておくのもいいだろう。「あなたのスキームはたしかに魅力的だけれど、でもこれまで提案された数多くのスキームの一つでしかなくて、その多くは試してみると、ほとんど成功していない。そういうのとはどこがちがうんだ？　そういう失敗続きの中で、こんなスキームを実施するにあたって必要な、多大な一般の支持をどうやって確保するつもりだ？」

これはしごくもっともな疑問で、答えておく必要があるだろう。わたしはこう答える。

よりよい社会状態を目指す実験の道は、失敗だらけだというのはまったくそのとおりだ。でも、価値ある成果を得るための実験の道というのは、なんであれそういうものなのだ。成功というのはほとんどが、失敗によって築き上げられる。『ロバート・エルスミア』でハンフリー・ワード夫人が述べるように「あらゆる偉大

な変化に先立って、数々の散発的で、傍観者から見れば途切れ途切れの試みがやってくるものなのよ」。成功した発明や発見というのは、ふつうはゆっくりと成長するもので、そこに新しい要素が追加され、古い要素が除かれていくのだ。まずは発明家の頭の中で、次に外に見える形で。そうしてついには、本当に正しい要素だけが集まり、それ以外はないようになる。

それどころか、もしさまざまな作業者によって長年つづけられている一連の実験があるなら、いずれは多くの人々ががんばってさがしてきた結果が出てくるのは確かなはずだ。長く続いている試みは、失敗や敗北があろうとも、完全な成功への先駆となる。成功を得ようとする者は、過去の敗北を未来の勝利へと転換させられるのだが、そのためには守るべき条件が一つある。過去の経験をこやしにして、それまでの試みの長所はすべて残したまま、弱点は受け継がないようにしなくてはならない。

社会実験の歴史について、ここですべて網羅するのは、本書の範疇を超える。でもこの章のはじめに挙げたような反対に答えるべく、いくつか特徴的なものについてだけ、ここでは取り上げよう。

おそらく過去の社会実験が失敗した大きな原因は、問題の主要素についての思い違いだろう。その主要素とは、人間の性質そのものだ。平均的な人間性が、愛他的な方向でどのくらいの圧力に耐えられるものか、新しい社会組織の形態を提

図 11　ハワーズゲート、ウェリン田園都市
パークウェイ的な買い物通り。サー・エベネザー・ハワードの記念碑が左に見える

図 12　田園都市第二の実現例・ウェリン田園都市
手前が町の中心。鉄道駅と工業地域の一部が左に見える

案する作業に着手した人々はきちんと考えてこなかった。似たようなまちがいとしては、ある行動原理を採用することで、それ以外の行動原理を排除してしまうということがある。

たとえば共産主義。共産主義はとてもすばらしい原理だし、われわれみんな、大なり小なり共産主義者ではある。そう言われて身震いする人々を含めて。というのも、みんな共産主義的な道路や、共産主義的な公園や、共産主義的な図書館を信じているではないか。でも共産主義がすばらしい原理である一方で、個人主義も負けず劣らずすばらしい。すばらしい音楽でわれわれを高揚させる偉大なオーケストラを構成する男女は、共同で演奏するのに慣れているだけでなく、自分一人でも演奏できるし、比較からいえば弱々しいともいえる演奏でもって、自分自身や友人たちを喜ばせることができる。

いや、それ以上だ。組み合わせて最高の結果を確保しようと思ったら、独立した個別の思考と行動が不可欠だし、個別の試みで最高の結果を得ようと思ったら、組み合わせと協力が不可欠なのだ。新しい組み合わせが試されるのは、独立した思考による。そして協力を通じて学んだ教訓により、最高の個別作業が達成される。そして社会が最も健康で活発になるには、個人と協力の両方の面で、いちばん自由で最大限の機会が提供されたときなのだ。

さて、共産主義的な一連の実験がすべて失敗したのは、そのせいではないだろうか。つまり、この原理の二重性に気がつかず、それ自体としては優れた原理を一つだけ追い求めすぎた、ということでは？　かれらは、共有物はよいものだから、あらゆる財産は共有されるべきだと考えた。共同作業がめざましい成果を上げるからといって、個人の試みは危険視されるか、少なくとも無駄なこととされ、極端な論者だと、家族や家庭という考え方を丸ごとなくせとまで言う。読者の中で、この田園都市で提案されている実験を、絶対的な共産主義の実験と混同する者はいないはずだ。

また、このスキームを社会主義的な実験とも考えないでほしい。社会主義者は、穏健な共産主義者だと考えればいいのだけれど、土地とあらゆる生産・流通・交換設備の共有化を支持している——たとえば鉄道、機械設備、工場、ドック、銀行などだ。でも、賃金という形で公僕に渡されたものについては、すべて個人所有の原理を保存する。ただし条件があって、そうした賃金は、一人以上を雇用するような、組織化された創造作業に使用されてはならない。社会主義者の考えでは、営利目的の雇用はすべて、政府のしかるべき部局の監督下におかれ、政府ががっちりした独占体制を敷く。

この社会主義の原理では、人間性の社会的な面だけでなく、個人的な面にもある程度配慮はしているけれど、それでもこれにしたがって実験を進めても、永続的な成功の基盤になれるかどうかは、非常に疑わしい。大きな困難が二つ出てきそうだ。まず、人間の利己性の側面だ。人はあまりにしばしば、自分個人の利用と楽しみのために所有すべく、生産したがる。そして第二に人は独立を愛し、自主性を愛し、個人的な野心を愛し、したがって勤務時間の間ずっと、他人の指示を受けるだけで、自発的な行動の機会もほとんどなく、新しい事業の創造について指導的な立場になれないのをいやがるだろう。

さて、いまの最初の困難——つまり人間の利己性——は乗り越えたとしよう。コミュニティの各メンバー用の娯楽財でも、通常の競争手段——つまり各個人がお互いに自分のためだけに苦闘する方式——よりも共同の社会的な試みのほうが、はるかにすぐれた結果を生み出すと確信した男女の集団ができたとしよう。それでも、もう一つの困難は残る。この困難は、組織されるべき男女の低俗な性質から生じるものではなく、高い人間性から生じるものだ——人々の独立性と自主性への愛である。

人々は、共同作業は好きだけれど、個人作業も愛しているので、厳格な社会主義コミュニティで許される程度の、ごくわずかな個人的努力の機会だけでは、満足できないだろう。人々は、有能なリーダーシップのもとで組織化されるのには反対しないけれど、でも指導する側にまわりたい人もいるし、組織化するほうの仕事に加わりたい人もいる。指導されるだけでなく、するほうもやりたいのだ。

それに、あるやり方でコミュニティに奉仕したい人がいたとしても、コミュニティ全体としては、その時点ではそれが役にたつとは思っていないことだって十分にあるだろう。そうすると、その人物はまさに社会主義状態の基本原則のために、自分の提案を実行するのを禁じられてしまうのだ。

さて、メキシコのトポロバンポでのきわめて興味深い実験が崩壊したのも、まさにこの点においてであった。この実験は、アメリカの土木技術者A・K・オウエン氏が始めたもので、メキシコ政府からの租借による広大な土地で実施された。オウエン氏の採用した原理の一つは、「すべての雇用は時価産業多様化局経由で行われなくてはならない。あるメンバーが別のメンバーを直接雇ってはならず、メンバーは局による調停経由でしか雇用されない」[1]というものだった。言い換えると、もしAやBが経営陣に不服があったとしても（たとえば経営陣の能力不信や誠実さへの不信感など）、かれらは二人で協力して仕事をするように取り決められないのだ。かれらがひたすら、共通の利益を願っているだけだとしても、であある。それどころか、入植地を去らなくてはならないことになる。そしてまさに、大量の人々が入植地を去ったのである。

この点で、トポロバンポでの実験と本書で提案したスキームとは大きく異なっている。トポロバンポでは、組織はあらゆる生産作業の独占を敷き、各メンバーは、その独占をコントロールする人々の指揮下で働くか、組織を去るかのどちらかしかなかった。田園都市では、そんな独占はないし、町の運営についての公共

1　A・K・オウエン『統合された協力の働き（*Integral Co-operation at Work*）』（US Books Co., 150 Worth St., NY. 1885）

的な行政に不満があっても、田園都市ではそれは、ほかの自治体と同じように、そんな派手な分裂にはつながらない。少なくとも初期には、実施される仕事の相当部分は、公僕以外の個人、または個人の協力を得て実施される。ちょうど既存の自治体と同じように、自治体としての仕事は、他の集団が行う作業に比べれば、まだとても小さいのである。

一部の社会実験における失敗の原因としては、移民たちが将来の労働場所にたどりつくのに、かなりの費用がかかるということ、大規模市場から遠いこと、そしてそこに存在する生活条件や労働条件について、事前にまともな情報が得られにくいということがある。得られる唯一のメリット——安い土地——だけでは、これらをはじめとするデメリットをうち消すにはまるで不足のようだ。

ここで本書で提案されているスキームと、これまで提案されたり実行されたりした、類似スキームとの、おそらくは最大のちがいにやってきた。そのちがいとはこういうことだ。

ほかのスキームでは、小グループにさえまとまっていない個人たちを、いきなり一つの大きな組織としてまとめあげようとした。あるいは、その大組織に参加するために、すでに参加している小集団を脱退しなくてはならない。でもわたしの提案は、個々人にだけではなく、共同組合や製造業者、フィランソロピー組織など、実績ある組織にも魅力を持っている。かれらや、その下部組織にとっても、田園都市にやってきて新しい制約がつくことはなく、むしろもっと大きな自由を確保できるのである。

そして、ここでのスキームのおどろくべき特徴として、すでにこの土地で働いているかなりの数の人々は、移住させられたりすることなく（ただし町の部分に住んでいる人々は別だが、これも段階的に行われる）、まさにかれら自身が価値ある核となって、この事業の創始時点から地代を支払うことになるのだ――そしてそのお金は、敷地購入費用の利払いとして、非常に有意義に使われる――その地代は、前よりずっと喜んで支払われるだろう。受け取る地主はかれらを公平に扱い、そしてその戸口に、産物の消費者をつれてきてくれるのだから。

したがって組織の機能は、その大部分が達成されている。軍隊はすでに存在しており、あとはそれを動員するだけだ。われわれが相手にするのは、無秩序な暴徒などではない。この実験と、先立つ数々の実験とのちがいは、二種類の機械のようなものとも言えるだろう――一つは、さまざまな金属からつくられるが、それはまず集めてきて、そしてさまざまな形の部品に仕立てなくてはならない。ところが田園都市のほうは、すべての部品はすでにでき上がっていて、単に組み立て作業が残っているだけなのだ。

第10章　各種提案のユニークな組み合わせ

「人間というのは、現状では群れ集うハチにも似た存在だ。一つの枝に、ハチがひとかたまりになって群がっている。かれらの立場は一時的なものであり、いずれ変わらざるをえない。いずれ飛び立って新しい住まいを見つけなくてはならない。ハチは一匹残らずこれを知っているし、自分の立場を変え、他のハチの立場を変えるつもりはあるけれど、群れ全体が飛び立つまでは、どのハチもそんなことはしないのだ。群れは飛び立てない。一匹が別の一匹にしがみついて、お互いに相手が群れから離れるのを防ぐので、みんなしがみつき続ける。その立場から逃れる道はないかのようだ。ちょうど、社会の網にからまってしまった人々にそう思えるように。実はハチには、それぞれが命をもった生物で羽を2枚持っていなければ、それ以外の行き場はない。人間の場合も、もし各人が生きた個人で、キリスト教的な人生を獲得する能力を贈られていなかったら、それでなにも問題はなかったはずだ。もしこうして飛べるハチたちの中で、一匹たりとも飛び立とうとしなければ、群れは決してその位置を変えないはずだ。人間とて同じこと。キリスト教的な生の獲得能力を持った人々が、それにしたがって生きるのに他人の先導を待っていたら、人は決してその態度を変えることはないであろう。そしてハチのがっちりした固まりを、飛び立つハチの群れに変えるのに必要なのは、たった一匹のハチが羽を開いて飛び立つことで、そうすれば2番目、3番目、10番目、

100番目がその後を追うであろう。同じように、逸脱がほとんど絶望的にも思える社会的生活の魔法の環をうち破るには、たった一人の人物がキリスト教的な立場から人生を眺めて、自分の人生をそれに従ってまとめあげることだ。そうすれば、他の人々もその範に従うであろう」

——レフ・トルストイ『神の国は汝らの内にあり』(一八九三年)

前章では、本書の読者の前に差し出されたプロジェクトの原理と、社会改革スキームの中で実際に経験的な試験にかけられて、悲惨な終わりを迎えたものの原理との、大きなちがいについて述べた。そして、ここで提案している実験の特徴は、過去の失敗例とはまったくちがっているので、この実験を実行した場合に生じるであろう結果を考えるのに、過去の失敗を参考にするのはまったく不適切であるとも主張した。

さてこのスキームは全体としては新しいし、新しい分だけ検討の余地もあるにはちがいない。でもそれが過去のさまざまな時代に提案されたスキームをいくつか組み合わせたものであって、しかもその組み合わせ方が、それぞれのいちばんいいところを引き出すようにしつつ、時にはその作者たちにさえはっきりときれいに見えていた危険や困難は排除するようにした、という点から、このスキームは大いに注目に値するといえるはずだ。ここでの目的はそれを示すことである。

手短に言えば、わたしのスキームは、まったく別の3つのプロジェクトを組み合わせたものだが、これまでこの3つが組み合わされたことはないと思う。その3つとは、（1）歴史学者のエドワード・ギボン・ウェイクフィールドと経済学者のアルフレッド・マーシャル教授による、人口の組織的な移住運動提案、（2）トマス・スペンスが最初に提案し、後に（重要な変更を加えて）ハーバート・スペンサー氏が提案した、土地保有システム、そして（3）ジェームズ・シルク・バッキンガムによるモデル都市である[1]。

ではいま挙げた順番に、これらの提案を見ていこう。ウェイクフィールドは、著書『植民地化の技法』*1で、植民地を形成するときには——ここでの植民地は、自国の入植地を指すのではない——科学的な原理に基づいて行うべきだ、と主張している。かれはこう述べている（109ページ）。

「われわれが送り出す入植者たちは、手足だけの存在であり、頭も胴体もない。加わっているのは、一人前以下の人物ばかりであり、多くはただの貧困者や、ひどいときには犯罪者たちだ。入植地は、コミュニティのたった一つの階級の人物だけで構成されていて、しかもその階級とは、いちばん役に立たず、われわれの国民的性格を広めるのにもっともふさわしくない連中だ。われわれが故郷で慈しんでいるような思考や感情に対応したものをもつ種族を産み育てるのに、これほどふさわしからぬ連中はいない。

1　真理の探究において、人々の思考がいかに同じ流れをたどるかを示すとともに、こうして組み合わせられた提案がしっかりしていることについて、追加の議論の提供するために、以下のことを述べておいたほうがいいかもしれない。わたしは、マーシャル教授の提案もウェイクフィールドの提案も、本書を書いた後まで見たことはなかったし（ただし後者については、ジョン・スチュアート・ミル『経済学原理』でごく短く参照されているのは見ていたが）、バッキンガムの仕事も見たことがなかった。バッキンガムの仕事は、ほとんど50年前に刊行されているのに、ほとんど黙殺されているようだ。

*1訳注　Edward Gibbon Wakefield, *A View of the Art of Colonization*, J.W.Parker, London, 1849.

古人たちは、母国を代表できるような入植者たちを送り出した——あらゆる立場の入植者がいたのだ。われわれは畑に、つる草や自立できない植物を植え、それらが巻き付けるような、もっとしっかり育つ木はまるで植えない。支柱もなしのホップ畑、植物は混乱したようにからまりあって、もつれた山となって地面を這い、あちこちではまばらなイバラやドクニンジンにしがみついている、というのが現在の植民地にふさわしい紋章だろう。

古人はその植民地の首長か指導者という名誉ある職に、主要人物の一人を任命することから始めた。国の首長でないなら、労働者を導く女王蜂のような存在、といおうか。王国では、王家の血筋をひく王子を選んだ。貴族社会なら、最も高貴な貴人を。民主主義国では、いちばん影響力のある市民を。これらの人々はもちろん、自分の生活における地位の一部を一緒につれていった——伴侶や友人、直近の親族なども含め——自分と一番身分の低い人々の間の階級の人々である。そして、そうすることがいろいろな形で奨励されてもきた。

最下層の人々は、ここでも喜んで従った。なぜならかれらは、自分の暮らしていた社会状態から離れるのではなく、それと一緒に移住するのがわかったからだ。それは、かれらが生まれ育ったのと同じ社会的・政治的なまとまりだった。そして、それに反するような印象がすこしでも生じるのを防ぐべく、異端の迷信の儀式を移植するときにも、それは最高度の厳粛さで執り行われた。自分たちの神や祭りやゲームを一緒に持っていった――一言で、母国に存在した社会のきめをまとめて維持していたものすべてを。移住者たちの心や目が懐かしがるであろうもので、動かせるものはすべて移動させられた。

新しい植民地は、コミュニティ丸ごとが時間や偶然のために規模を縮小してしまっただけで、そこに生き残った人々にとっては基本的に同じ家や国が残されているかのようにつくられた。あらゆる階層の成員からの広い貢献でき上がり、したがって入植されると同時に成熟した国となり、それを送り出した国のあらゆる構成部分を備える存在となったのだ。それは人口の移転であり、したがって入植者としても、コミュニティの高い存在から低い立場へ突き落とされたというような失墜の感覚はまったくなかったのである[2]

ジョン・スチュアート・ミルは著書『経済学原理』第1巻8章3節で、この論考についてつぎのように述べている。

「ウェイクフィールドの植民地理論は、大いに関心を集めてきたし、間違いなく今後もさらに関心を集めることだろう。（中略）かれの方式は、各植民地にその発端から農業人口に対してある比率で町民を配することと、土壌を

2編注　ハワードがこの一節をウェイクフィールドのものとしたのは誤り。ウェイクフィールドは『植民地化の技法』のなかで、ハインド博士（カーライル大学学長）の『二次懲罰についての考察』（一八三二）の注からこれを引用している。これはもちろん、オーストラリアとニュージーランドの植民地化を、もっとバランスのとれた移民で実施すべきというウェイクフィールドの主張とは一致している。

耕す者たちがあまりに離ればなれになって、その町民人口を市場として活用するというメリットを享受できなくならないようにするための取り決めである」

ロンドンからの組織的移住運動についてのマーシャル教授による提案はすでに述べた[3]けれど、そこで述べた論文から、次のようなくだりも引用しておこう。

「方法はいろいろあるだろうが、おおむねの計画としては、この目的専用でもほかと兼用でもいいから委員会をつくって、ロンドンの煤煙からずっと離れたところに入植地をつくることを検討することだ。なんらかの手立てでしかるべき小屋をそこに買ったり建てたりしてから、低賃金労働に雇われている人たちに打診をすることになる。

まずは、固定資本がほとんどない産業を選ぶだろう。そしてこれまで見てきたとおり、ロンドンからの移転が必要な産業はほとんどすべて、この範疇に入る。さらに、自分の雇い人たちの悲惨な状況を本当に気にかけている事業主を探す――そういう人は数多いはずだ。そういう事業主と一緒に、その助言を聞きながら、委員会はその雇い人たちや、雇われるにふさわしい人たちと仲良くなる。移住のメリットを示し、相談面でも資金面でも移住を助けてやる。仕事のやりとりを助け、事業主は入植地でその代理業を始めること

3 第3章、104ページ。

もできる。

でもいったん始まれば、これは自立できるはずだ。雇い人がときどき指示を受けに戻るのを考えても、輸送費は家賃の節約分よりも小さいはずだから だ——特に自家農園での産物まで考慮に入れればまちがいない。そしてロンドンの悲しみがつくり出す、飲酒の誘惑を取り除くことで、それと同じくらいか、または上回る節約が可能だろう。

これは最初のうちは、かなり受動的な抵抗に遭うだろう(かなりみんなしりごみするだろう)。未知のものは誰でもこわいけれど、特に自分の生まれ育った環境を離れた人たちにとってはそうだ。ずっとロンドンの片隅に住んでいた人たちは、陽光の下で縮みあがってしまうかもしれない。家でもたいした知り合いはいなかったにしても、誰も知り合いがいないところに行くのを怖がるかもしれない。でも、やさしく何度も説得すれば、委員会は思いどおりにできるはずだ。知り合い同士が一緒に引っ越すよう、温かく、辛抱づよく同情しつつ、最初の変化の恐怖を取り除いていくのだ。同業でない複数の企業の仕事をまとめて送り出すのもいいだろう。しだいに豊かな産業地域が形成されて、そのうち純粋に利己的な理由で、事業主たちはロンドンの主工場を閉鎖して、この入植地に工場を新設するかもしれない。最終的にはみんなが利益を得るけれど、なかでも最大のメリットを受けるのは、地主たちとその入植地につながる鉄道である」[4]

いまのマーシャル教授の提案からの引用の最後の文ほど、まず土地を買い取ることが必要だということを協力に指摘するものがあるだろうか。そうすれば、トマス・スペンスの非常にすばらしいプロジェクトが実行できて、マーシャル教授の予見する地代の上昇を防止できるのだ。スペンスの提案は100年以上前に提出されたもので、これも望んだ結果を一挙に得る方法を示唆している。

「であれば、あなたがたは人々が教区の雇った教区財務部に支払う地代を考えてほしい。そのお金で教区は政府に、議会や国会がその時に認めた金額の一部を支払う。そのお金で、教区の貧乏人や失業者を救う。必要な係官の賃金を支払う。家屋や橋などの構造物を建て、修理する。人や馬車のために、便利で喜ばしい街路や道路や通路をつくり、維持する。運河など、交易や交通のための設備をつくる。荒れ地に植樹して耕地化する。農業振興など、振興するにふさわしいものすべての振興用補助金。そしてひと言で、人々が適正だと思うことすべてを行うために使い、これまでのように奢多や高慢など各種の悪徳を支持し広めるためには使わない。(中略)かれらの中では、地元民だろうと外国人だろうと料金や税金は一切支払われない。さきほど述べた地代だけだ。みんなそれだけを、その人物が(中略)そこで占有する土地

4　ロンドンの大製造業者が、つだけ、仕事をロンドンのイーストエンドから田舎に移す、というのは、マリアン・ファーニンガムの小説『一九〇〇？』(ロンドン、一八九二年)の主要テーマとなっている。

の量や質や利便性に応じて教区に払い込む。政府、貧困者、道路など（中略）はすべてその地代によってまかなわれ、それだけですべての商品や製品、しかるべき交易での雇用や行いは、完全に無税となる」（一七七五年十一月八日、ニューキャッスルの哲学協会で読まれた講演から。これを印刷したために、協会はこの著者に対して協会除名という栄誉で報いたのであった）

この提案と、本書が提出する土地改革提案との唯一のちがいは、方式でなく、それを開始するための手法のちがいなのだということは理解されるだろう。スペンスは、どうも人々が命令によって既存の地主を排し、この方式を一気に全国一律に確立しうると考えていたようだ。でも本書では、この方式を小規模に開始するために必要な土地を購入し、この方式が持つ内在的なメリットによって、それがほかでもだんだん導入されるようになるという提案がなされている。

スペンスが提案を行ってからおよそ70年後に、ハーバート・スペンサー氏は（まず一般的な自由平等の法則の当然の帰結として、あらゆる人々はみんな平等に大地を使う権利があるという大原則を述べてから）、この問題についていつもながらの勢いと明晰さをもって、次のように述べている。

「しかし、人々がみんな平等に大地を使う権利があるという考え方は、どういう結論へとつながるのだろうか。土地に境界のない野生の時代に戻り、根やイチゴや狩猟の獲物で食いつながなくてはならないのだろうか。それともフーリエ氏やオウエン氏、フイ・ブラン社などの管理に任せなくてはならないのか？　いずれでもない。このような考え方は、最高の文明とも矛盾せず、財の共有などを持ち出す必要もなく、既存の取り決めをあまり派手に革命する必要もない。必要となる変更は、地主の変更だけだ。

区分された所有権は融合して、人々による共同株式保有に移行すべきだ。国は各個人の所有におかれるのではなく、大企業体――つまりは社会――の所有になるべきだ。農民は、自分の耕す土地を孤立した所有者から借りるのではなく、国から借りるようになる。ジョン卿猊下の代理人に地代を支払う代わりに、それをコミュニティの代理人か、代理人助手に支払うことになる。執事たちは個人に仕える代わりに公共の官吏となり、土地の占有は借地だけになる。このように秩序化されたものごとは、道徳法と完全に調和している。そのもとでは、万人は平等に地主となる。同じく万人は、自由に借地人となれる。

現在は空いている農地に対し、A、B、Cなどが競合して、その一人だけがその農地を占有しても、純粋な平等の原理にはまったく抵触しない。全員が、自由に地代の競りに参加できる。辞退するのもまったく自由だ。そしてその農地がAかBかCの誰かに貸し出されたら、全員が自分の望みどおりのことをしたことになる。ある人は、しかるべき金額を土地の使用について仲間の人々に支払うことに同意したわけだ――残りはその金額を支払うのを拒否しただけだ。したがって、このような方式のもとでは土地は囲われて、占有されて、耕作されるけれど、それは自由平等の原則に完全に従う形になるのである」

（『社会静学』第9章8節）

しかしこのように書いてから、ハーバート・スペンサー氏は後に、自分の提案の障害となる大きな困難を2点発見して、この提案をなんの留保もなく完全に引っ込めた。その困難の最初のものとは、国家所有と不可分だとかれが考えた、各種の弊害である（一八九一年刊行の『正義』[*2]補遺B、290ページを見よ）。2番目は、既存の地主にとっても利益となり、コミュニティにも見返りがあるような条件で土地を購入するのが不可能だ、とかれが考えたことである。

しかしながら読者のみなさんが、ハーバート・スペンサー氏がいまや引っ込めた提案に先立つスペンスの方式を検討するなら、スペンスのスキームは（この拙著で提案したスキームと同様に）、国家統制に伴うと思われる反対論から完全に逃れていることがわかる[5]。スペンスの提案では、わたしのものと同じく、地代は人々との接触から遠く隔絶された中央政府が徴収するのではない。人々がま

＊2 訳注　Herbert Spencer, *Justice*, London, Williams and Norgate, 1891.

5　しかしハーバート・スペンサー氏は、国家統制は本質的に悪いという自分の理論を覆すかのように、以下のように述べている。「国家があらゆる場合に同じ性質を持つという前提から始まる政治的な思索は、完全にまちがった結論にたどりつくしかないのである」

さに暮らしている教区が徴収するのだ（わたしのスキームでは、その自治体がこれを担当する）。ハーバート・スペンサー氏が思いついたもう一つの困難はといえば――つまり地主にとっても利益となり、購入者にも見返りがあるような条件で土地を購入する困難――これはハーバート・スペンサー氏が出口を見つけられず、せっかちにも克服不可能と結論した困難である――この困難は、農業地や過疎地を買い上げて、スペンスの提案したような形で貸し出して、ウェイクフィールドと（それより多少は慎ましい形ではあれ）マーシャル教授が支持したような、科学的移住運動を実施することで、完全に取り除かれているのである。

ハーバート・スペンサー氏がいまでも「絶対的倫理の格言」と呼ぶもの――あらゆる人々はみんな平等に大地を使う権利がある――を現実生活の領域に持ち込み、それを信じる者たちがすぐにそれを実現できるようなものとするようなプロジェクトというのは、最高の公共的な重要性を持っているはずだ。過去の人が過去に不道徳な基盤を敷いてしまったがために人は最高の道徳的原理にしたがうことができないのだ、と大哲学者が実質的に主張し、「でも、もし社会的規律がいま生み出した倫理的感情を持ちつつも、まだ個人ごとに分割されていない領域にいたなら、人は光や空気について平等を主張するのと同じくらい、土地についての平等を主張することにためらいを持たないだろう[6]」と主張するなら――そうであってくれればと願わずにはいられない――確かに人生はあまりに不調和に

6　『正義（*Justice*）』第11章、85ページ。

思える——新しい惑星に移住することで「社会的規律がいま生み出した倫理的感情」に浸る機会が生じればと思ってしまうほどだ。しかしながら新しい惑星や「まだ個人ごとに分割されていない領域」は、われわれが本当にせっぱつまっているのでなければ必要はない。というのも、開発されすぎた高価格の土地から、比較的更地で占有されていない土地への組織的移住運動によって、この自由と機会の平等を生きようと望む人は、みんなそのとおりに生きられるようになる。そして地上での、秩序立ったと同時に自由な生活の可能性が、みんなの心と頭にはっきり描き出されるはずだ。

スペンスとハーバート・スペンサー氏の提案、そしてウェイクフィールドとマーシャル教授の提案にわたしが組み合わせた、第三の提案はジェイムズ・S・バッキンガムのスキーム[7]の根本的な特徴を一つ含んでいる。ただしわたしは、意図的にかれのスキームの本質的な部分を除いてある。バッキンガム氏はこう述べている（25ページ）。

「わたしの思考はこうして、既存の町の大きな欠陥に向けられ、そしてこうした欠陥の最大のものを避けて、既存のどの町にもないような美点に置き換えるような、モデル都市を一つつくるのが望ましいと考えた」

その著作でかれは、４００ヘクタールほどの町の敷地図とスケッチを披露す

7　バッキンガムのスキームは、一八四九年頃にPeter Jackson, St. Martins le Grandが刊行した『国の邪悪とその現実的な対処法（*National Evils and Practical Remedies*）』という著作に述べられている。

る。人口は2万5000人ほど、周囲は広い農業地に取り囲まれている。バッキンガムはウェイクフィールドと同じく、農業コミュニティと工業コミュニティを組み合わせるメリットの大きさを理解しており、次のように示唆している。

「実現性がある場合には常に、農業労働と製造業労働を混ぜ合わせて、さらにはその労働でつくられる生地や材料の種類も多種類を織り交ぜることで、それぞれの製品の労働を短くして、いろいろなものの作業を交代でできるようにするべきだ。そうすればあまりにしばしば生じる、単調な仕事がいつまでもいつまでも繰り返されるという事態からくる退屈や嫌気から人を解放し、満足をつくりだすことができるからだ。それに雇用の種類が多ければ、どんな単一の仕事でもかなわないほど、肉体的、精神的な機能を完全に活用することになるのである」

しかしながら、こうした点においてこのスキームはわたしのものと実によく似ているけれど、でも実はかなりちがっているのだ。バッキンガムは、社会の害悪の原因が競争と飲酒と戦争にあることをつきとめたと考えて、完全に内在化された協力システムの構築によって競争を絶滅させようとした。飲酒は、酩酊物質をすべて完全に排除することで排除しようとした。そして火薬を完全に禁止することで戦争を終わらせようとした。かれは資本金400万ポンドで巨大な企業をつくり、それが広大な土地を購入して、教会や学校や工場や倉庫、食堂、住宅などをつくり、その賃料も年30ポンドから３００ポンドまでさまざまに設定することを提案した。そしてあらゆる生産活動を、農業だろうと工業だろうと、全領域をカバーする一つの大きな事業として行って、競合を一切認めないことを提案している。

外見的にはバッキンガムの方式とわたしのいまの方式は、大農業地の中のモデル都市という設定の面では似ている。工業と農業の両方が、健全で自然な形で行われるようになるわけだ。でもいまの説明で、両者のコミュニティ内部での生活はまったくちがったものであることがわかるだろう。田園都市の住民は、手を組む自由を完全に享受して、個人や共同での作業や探求をきわめて多種多様に実行できるのに対して、バッキンガムの都市の住民たちは、硬直した組織という型にがっちりはめられて、そこから逃れるには、この取り決め自体から脱出するか、あるいはこの仕組みを小さな個別部分へと分裂するしかない。

本章をまとめよう。わたしの提案は、まず過密な都心部から過疎の地方部に向かう、移住運動を組織するような試みを真剣に行うべきだ、ということだ。そしてこの作業を全国的な規模で達成しようという性急な試みで、人身をまどわしたり、組織者たちの努力を無駄にしたりしてはならない。まずは一つの移住だけに、思考と関心をたっぷり注ぐことだ。ただしその移住は、魅力的で、かつ人材豊富となるように十分大きなものでなくてはならない。移住者たちは（移住が開始される前にしかるべき取り決めを行って）、自分たちの移住に伴う地価上昇分についてはすべて自分たちが獲得できることを保証されるべきだ。

そしてこのために組織をつくり、その組織は移住者たちが自分でいいと思ったことをするのを認めると同時に（ただし他人の権利を侵害しないという条件でだが）、「税・地代」を全額受け取って、移住運動によって必要となったり望ましいとされるような公共事業にあてるものとする——こうすることで、地方税をなくすか、少なくとも強制的な徴税の必要性を大いに引き下げるわけだ。そして移住すべき土地に、建物や建造物がほとんどないという事実からくるまたとない機会は、最大限に活用される。田園都市は拡張しても、自然の無償の贈り物——新鮮な空気、日光、息をつける空間と遊ぶ余裕——は必要な限りたっぷりと保存されるようにレイアウトされ、さらには現代科学の成果を活用することで、技芸が自然を補うようにし、生活は喜びと楽しみにあふれたものとなる。

そしてこの提案は、不十分な形で提案されてはいるけれど、熱狂者が熱にうかれたようにしてひと晩のうちにでっち上げたようなスキームではなく、数多くの人々の思慮に満ちた調査と、多くの誠実な魂による辛抱強い努力に起源を持っているのだ、ということを認識することが重要だ。そのそれぞれがなんらかの価値をこのスキームにもたらし、やがて時と機会が満ちれば、そうした要素を有効な組み合わせへと溶接するには、ほんの慎ましい技能でよかったというわけなのだ。

第11章　道の先にあるもの

「人はいかにして自分を知りうるのか？　絶対に内省では不可能だ――行動によるしかない。汝が、己の責務を果たすべく努めるやり方によって、汝は己の内にあるものを知るであろう。しかしながら己の責務とは何か？　その時の目先の用事である」

――ゲーテ

さて読者のみなさんはここで、議論をすすめるにあたって、この田園都市の実験がうまく立ち上がって、まずまず成功したものと考えてみてほしい。そして、こうした実証的な教訓がどのように重要な影響を持ち、それが改革の道にどのような光を投げかけ、それによって社会が受けるはずの影響を考えてほしい。そうしたら、この開発後の大きな特徴についてたどってみることにしよう。

今日、いやそれを言うならいつの時代もそうだが、人々と社会の最大のニーズは次のようなものだ――価値ある目標とそれを実現する機会、労働とそれを向けるだけの価値ある目的。人間の存在すべて、そして人間がなれるものすべては、その抱負に集約されるのであり、これは個人のみならず社会にとっても真理である。

いま、この国や他の国の人々のためにわたしが掲げようとする目的は、これよりいささかも「高貴さや適切さ」において劣るものではない。現在、過密でスラ

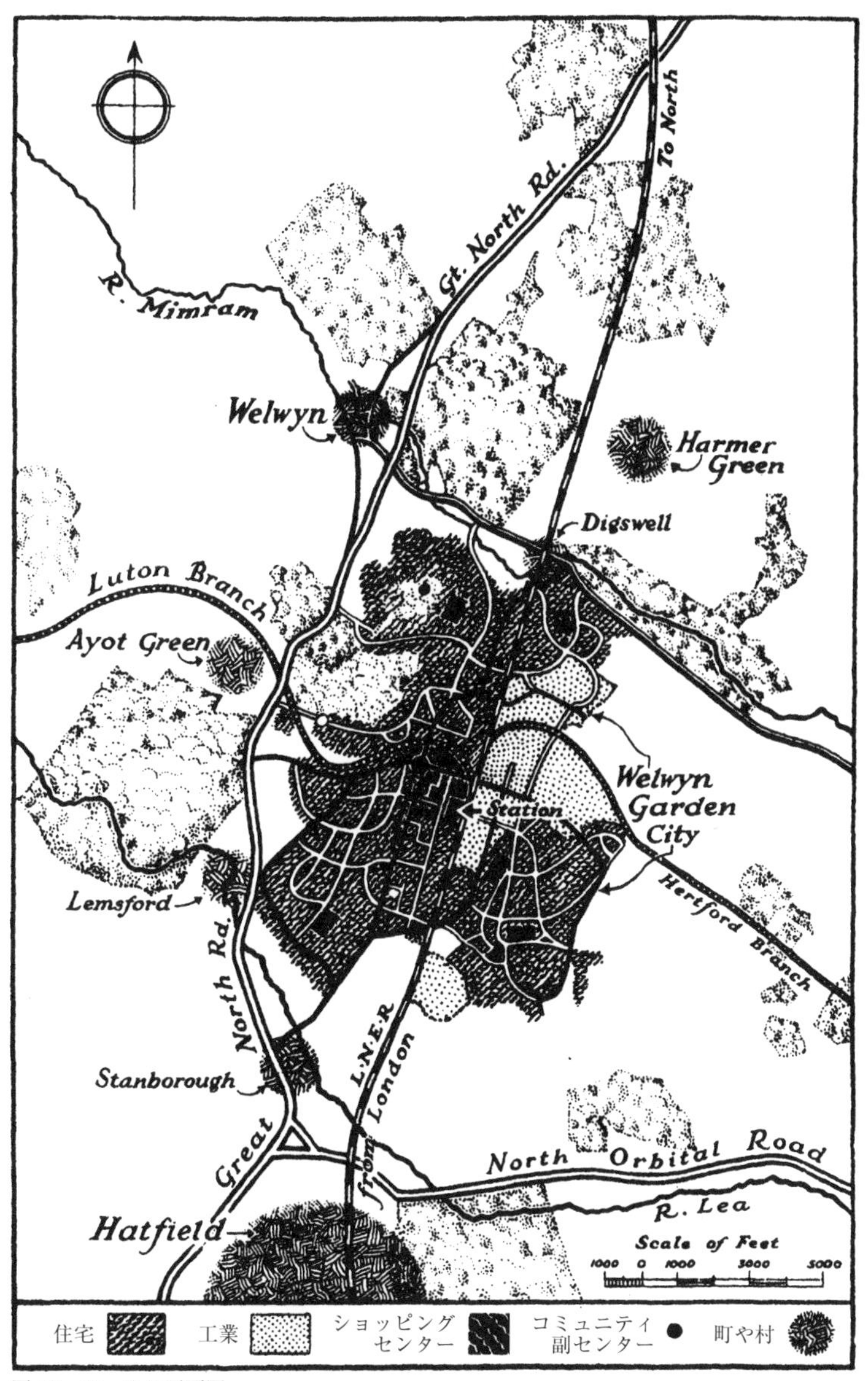
To North
Gt. North Rd.
R. Mimram
Welwyn
Harmer Green
Digswell
Luton Branch
Ayot Green
Welwyn Garden City
Station
Hertford Branch
Lemsford
North Rd.
Stanborough
L.N.E.R.
from London
Great
North Orbital Road
R. Lea
Hatfield
Scale of Feet
1000 0 1000 3000 5000
住宅
工業
ショッピングセンター
コミュニティ副センター
町や村

図 13　ウェリン平面図

ムまみれの都市に住む人々のために、田園によって仕切られた、美しいホームタウンの集団をつくるという仕事のためにみんなが努力しよう、ということだ。

すでに、そういう町を一つつくるにはどうすればいいかを見てきた。ではこんどは、真の改革への道がいったん発見され、そして決意をもってそれにしたがうならば、これまで敢えて望もうとすら思わなかったほどの遙かに高い宿命に向けて、この社会が導かれるであろう、ということを示そう。そうした未来については、勇敢な人々はこれまで予言してきたのだけれど。

過去、社会をいきなり飛び上がらせて、新しく高い水準の存在に持ち上げたような発明や発見があった。蒸気の利用——昔から知られてはいた力だが、それにふさわしい仕事に向けるための制御がいささか難しかったもの——はすさまじい変化を引き起こした。でも、蒸気の力をはるかに上回る力——地上でのもっと優れた高貴な社会生活に対するたまりにたまった欲望——を活用する手法の発見は、蒸気よりずっとめざましい変化をもたらすだろう。

これまでわたしたちが提案してきたような実験が上手に実施されることで、はっきりと見えるようになる明白な経済的真理とはなんだろうか。それはこういうことだ。

新しい富の改革によって、社会と自然の生産力がいまよりもずっと有効に使われて、さらにそうしてつくられた富の分配が、いまよりずっと公正で平等に行われるような新しい産業システムの創造へとつながる広い道が開かれている、ということだ。社会として、そのメンバーたちに分け与えるものがずっと増え、しかもその大きな分配物が、もっと公正に分け与えられるということだ。

産業改革論者たちは、おおざっぱに言って2種類に分類できる。最初の一派は、生産を増大させる必要性について、いつもしっかり注意を払うのが何より大事だ、と主張する人たち。そして2番目は、公正で平等な分配のほうに特に重きをおく者たち。前者は要するにいつでも、「国としての取り分を増やそう、そうすればなにもかもよくなる」と言っている。後者は、「国の取り分は十分で、あとはそれが平等に分配されさえすれば」と言っている。前者はおおむね個人主義的で、後者は社会主義的だ。

前者の観点の例としては、A・J・バルフォア氏が挙げられるだろう。かれは一八九四年の十一月十四日にサンダーランドで開かれた保守派協会全国組合会議で、こう発言している。

「社会というのが、その全体としての生産物の分け前をめぐって争い合う2つのセクトでできているかのように表現する人々というのは、大きな社会問題を完全に見誤っている。国の産出は固定量ではないし、雇用者が多く取ったらその分だけ被雇用者の取り分が減る、というわけではないのを考えなくてはならない。この国の労働者にとって、真の問題は規模的にも本質的にも、配分ではない。生産の問題なのだ」

2番目の見方の例としては、以下を挙げておこう。

「貧乏人を向上させるにあたり、それに対応するだけ金持ちを圧迫しなくていいという考え方がいかにばかげているかは言うまでもない」[1]

すでに述べたように、そしてこの考え方はもっとはっきりさせるつもりだが、個人主義者も社会主義者も遅かれ早かれ必然的にたどらなくてはならない道があるのだ。これまでたっぷりと明らかにしてきたように、小さなスケールでは社会はいまより個人主義的になれる――もしその個人主義というのが、自分の望むことができて、好きなものをつくれ、自由に協力し合ったりできる機会が、いまよりたっぷりと自由に成員に与えられている社会、という意味であるなら。でもそれと同時に、社会はもっと社会主義的にもなれる――ここでの社会主義というのが、コミュニティとしての福祉が安全に保護され、自治体の活動範囲の拡大によって集団としての精神が表現されているような生活状態をさすのであれば。

こうした望ましい目標を達成するため、わたしは各種の改革者の著書からペー

1　フランク・フェアマン『やさしい社会主義の原理（*Principles of Socialism made plain*）』（ロンドン、一八八八）

ジをとって、それを現実性の糸でとじ合わせた。生産の増大を主張するだけでは飽きたらずに、わたしはそれがどうすれば実現可能かを示した。一方、もっと平等な分配という同じく大事な目標は、すでに示したとおり簡単に実現できるし、悪意や抗争や対立を生じさせることもない。憲法にも準拠しており、革命的な法制も不要であり、既存の利害関係を直接攻撃するものでもない。このようにして、ここで述べた改革二派の願望は達成できるわけだ。

わたしはひと言で、ローズベリー卿の示唆に従い、「社会主義からはその共通の努力の大幅な支持と、公共的な生活の熱心な支持を借り、個人主義からは自尊心と自己依存の保持を拝借したのである」。そして具体性のある例示によって、有名な『社会の進化』[*1]におけるベンジャミン・キッド氏の核心となる考え方である「社会組織の利害と、それを構成する個人の利害とは、あらゆる時点において現実に対立するものなのだ。両者は決して折り合いをつけることはできない。両者は内在的に本質的に折り合いがつかないものだからだ」という議論を論破したものと考えている。

ほとんどの社会主義的な文筆家は、財を買い取ったり課税したりして所有者を排除することで、古い富の形態を奪取してしまおうという欲望をあまりに強く露呈しているようにわたしには思える。もっと真正な方法は新しい富の形態をつくりだして、しかもそれをもっと公正な条件下でつくりあげていることなのだ、と

＊1 訳注　Benjamin Kidd, *Social Evolution*, *London*, Macmillan, 1894.

いう考えはほとんど持たないようだ。

でも、富のほとんどの形態が実にはかないものだということをしっかり認知すれば、自然にこの後者の考えにつながらずにはいられないはずだ。そしてほとんどあらゆる物質的な富は、われわれが暮らす惑星や自然元素はさておき、きわめて劣化しやすく滅失しやすいのだ、ということは、経済学者が誰しも十分に認識している真実なのである。だからたとえばジョン・スチュアート・ミルは『経済学原理』第1巻第5章でこう述べる。

「現在イギリスに存在する富の価値のかなりの部分は、過去12ヵ月以内に人間の手でつくりだされたものである。この巨額の集合的な価値のうち、10年前にも存在していたものの割合は、実に小さなものだ。この国の現在の生産資本の中だと、農家や工場、船が数艘、機械少々があったに過ぎない。そしてこれらでですら、新たな労働がその10年の間に動員されて、それを修理していなければ、こんなに長持ちはしなかっただろう。土地は残っているが、しかしながら残っているのはほとんど土地だけだと言っていい」

大社会主義運動の指導者たちは、もちろんこれを十分に承知している。でも、改革の手法を論じているときには、このかなり基本的な真理は、かれらの念頭から消え失せてしまうらしい。そしてかれらは、現在の富の形態を掌握することにばかり腐心しているように見える。まるでそれらが本当に永続的で長持ちするようなものだと思っているかのように。

でも社会主義的な文筆家たちの他の主張を考えると、なおさら驚異的な一貫性のなさがあらわれる。かれらこそまさに、いま存在している富の形態の相当部分は、実は富（wealth）なんかではない、といちばん強く主張している文筆家たちでもあるのだ。かれらに言わせると、それは富（wealth）どころか害悪（ilth）であり、すこしでも理想に向けて歩みだそうとする社会形態は、そうした富の形態を一掃して、それに代わる新しい富の形態をつくり出すことをすべきだ、ということになる。

実に驚異的なまでの一貫性のなさでもって、かれらは急速に滅失しつつあるばかりでなく、かれら自身の見解では完全に無益か有害ですらあるような富の形態を所有したいという、癒しがたい渇望を示しているわけだ。

したがってH・M・ハインドマン氏は、一八九三年三月二十九日に民主クラブで行った講演でこう語っている。

「現在のいわゆる個人主義が、いずれ必然的に崩壊したときに、社会主義者として実現させたいと考えている社会主義的な考え方をきちんと展開して構築しておくのは、望ましいことでした。社会主義者としてかれらがまっ先にやるべきことの一つは、過密都市の広大な都心部から人口を移住させることです。かれらの大都市は、もはやかれらが仲間をリクルートしてこられるような大規模な農業人口を持っていませんし、劣悪で不十分な食料と、汚染された大気などの非衛生的な条件のために、都市大衆の肉体は急速に、物質的にも肉体的にも劣化しつつあるからです」

おっしゃるとおり。しかしハインドマン氏は、現在の富の形態を掌握しようと苦闘することで、自分がまちがった要塞を占拠しようとしていることに気がつかないのだろうか。もしロンドンの人口、またはロンドンの人口の相当部分が、将来何かが起こった時点でよそに移住させられなくてはならないのであれば、こうした人々の多くがいま移住するように促すようにしたほうがよくはないだろうか。現在でもすでに、ロンドンの行政的な問題とロンドンの改革は、もうじき説明するように、いささか恐ろしい形で現れようとしているのだから。

莫大な売り上げを見せ、しかもそれだけの価値を持った小著『メリー・イングランド』[*2]の中にも、同じ一貫性のなさが認められる。「ヌンクァム」なる著者[2]は、最初からこう述べる。

「われわれが考えなくてはならない問題は、こういうことだ。国と人々が与えられたとき、その人々が自分や国から最高のものを引き出すにはどうすればいいのか」

＊2訳注　Robert Blatchford, *Merrie England*, London, Clarion office, 1894.

2　ロバート・ブラッチフォード。

そしてかれは、精力的にわれわれの都市を糾弾する。家屋は醜く住みにくく、通りは狭く、庭園は不足だ、と。そして屋外職業のメリットを強調する。工場システムを糾弾してこう述べる。

「わたしなら、まず人々に小麦と果物をつくらせ、牛と鶏を自分たちの使う分だけ育てさせる。それから漁業を開発し、巨大な養魚池や養魚港を建設する。それから鉱山や溶鉱炉、化学作業や工場を制限して、自国民への供給に実際に必要な量だけにする。それから、水力と電力を開発して煙による迷惑をなくす。この目標を実現するために、わたしはすべての土地や製粉所や鉱山、工場、土木建築、店舗、船舶、鉄道を、人民の財産とする（強調引用者）」

つまり人々は、いっしょうけんめい工場や製粉所、土木建築や店舗などを所有するために苦闘するのだけれど、その半分は、もしヌンクァムの願望が実現されれば役に立たなくなるわけだ。船舶を所有しても、外国との貿易を廃止するつもりなら（『メリー・イングランド』第9章を参照）それはまったく役に立たない。そして鉄道をがんばって入手しても、ヌンクァムの望むような人口の再配置が行われるならば、ほとんど廃線にしなくてはならない。

そしてこの無益な苦闘はいつまで続くのか？　この点はヌンクァムによーく考

えてほしいのだが——まずはもっと小規模な問題を考えて、かれ自身のことばを借りて言うならば「たとえば２４００ヘクタール[*3]の土地があったら、まずはそれを最高の形で利用しようではないか？」というのもそうすれば、それを首尾よく実施したことで、もっと広い土地も扱える準備ができるだろうから。

富の形態がどんなにはかないかを、別の言い方でもう一度述べよう。そして、その考察がどのような結論につながるはずかを示そう。社会が示している変動はあまりにめざましく——特に進歩途上にある社会はそうだ——われわれの文明が今日見せている、外見的な目に見える形態は過去60年の間にほとんどが完全に変化をとげてしまった。なかには、完全な変化を数回とげてしまったものもある。公共・民間の建物、通信手段、文明を支える装置、機械、ドック、人造港湾、戦争の道具と平和の道具などだ。たぶんこの国で、築60年以上の古い家屋に住んでいる人は20人に1人もいないだろう。60年以上の古い船に乗っている船員など、１０００人に1人もいないだろうし、60年前に存在していた工房で働いていたり、60年前にあった道具を使ったり馬車を御したりしている工芸家や労働者も、１００人に1人もいないはずだ。最初の鉄道がバーミンガム—ロンドン間で開通してからいまで60年目で、鉄道会社は10億ポンドもの投下資本を持っているけれど、上水道、ガス、電気、下水は、ほとんどが最近のものだ。60年以上も前につくられた物質的な残存物というのは、記念物や前例や遺産として無限の価値を

＊３訳注　原文では６０００エーカー。

持つものもあるけれど、それをめぐってもめたり争ったりするようなものではない。その最高のものとしては、大学や学校、教会や聖堂などがあって、こういうものだと話は別だ。

でも最近の例を見ない進歩と発明の速度を考えてみたとき、これからの60年も同じくらいめざましい変化をとげるということを、まともな人間であれば疑いえないのではないだろうか。ほとんど一夜にしてあらわれた、このキノコのような形態たちが、多少なりとも永続的なものだなんて思えるだろうか。労働問題の解決や、職を求めている何千もの空いた手に対して仕事を見つけるという問題の解決は別にしても——そしてわたしはこれに対しても自分の回答が正しいことを実証したと主張する——新しい動力や、新しい駆動力(ひょっとして空中を移動するようなもの)、新しい上水道、新しい人口配置などの発見について考えるだけで、どんな可能性が開かれることか。そしてこれらはそれだけで、多くの物質的な形態を完全に役に立たない無効なものにしてしまうことだろう!

だったら、なぜ人が過去に生産したものについて、言い争いもめるのか? なぜ人が生産できるものについて学ぼうとしないのだろう。そうする過程で、もっとよい富の形態を生産する大きな機会を発見するかもしれないし、さらにはそれをずっと公正な条件で生産する方法も見つけるかもしれないではないか。『メリー・イングランド』の著者を引用するなら、「われわれはまず全員、われわれの肉体と精神の健康と幸福にとって何が望ましいかを見極めて、それをいちばんうまく簡単に生産するよう、人々を組織するべきなのだ」。

つまり富の形態というのは、まさに本質的にははかないものであり、さらに社会の状態を前進させるための、もっといい形態によって絶えず置き換えられる運命にあるのだ。しかしながら、きわめて永続的で長持ちする物質的な富の形態が一つだけある。その価値は、人類の最高にすばらしい発明の前にあっても、いささかも見劣りすることはないどころか、そうした発明がその価値をもっとはっきりさせ、その普遍性を明らかにするだけの存在。人類が生きるこの惑星は何百万年も続いてきており、人類はようやく地球の猛威から逃れ出てきたばかりだ。自然の背後には大いなる目的があると信じるわれわれとしては、人類の心にましな希望が芽生えてきたこの時期になって、この惑星のキャリアがすぐに断ち切られてしまうとは信じられない。人はいまやっと、数々の苦闘と苦痛を通じて、自然の秘密の中でもわかりやすいものをいくつか学び、その無限の宝物をもっと気高く使う方策を見つけつつあるところなのだ。地球は、あらゆる現実的な目的から見て、永遠に続く存在だと考えていい。

さてすべての富の形態は、その基盤として地上に存在しなくてはならず、地表または地表近くに存在する利害基盤から築き上げなくてはならないので、改革者はまず地球を人類のためにいちばんいい形で使うにはどうすればいいか考えるべきだ、ということに当然なるだろう（基盤はあらゆる場合にいちばん大事なものなのだから）。しかしながらここでもわが友人たる社会主義者諸君は、本質的なところを見逃してくれる。かれらが表明する理想というのは、社会を土地とあらゆる生産設備の所有者にすることだ。でもかれらはこの計画の両方の点を推進するのに夢中で、土地の問題が特に大事だということを考えるのが、いささか遅すぎたために、改革への真の道を見失ってしまったのだ。

しかしながら、土地の問題を最前線に押し出す改革者の一派もいる。ただしそのやり方は、わたしに言わせればかれらの社会に対する見方を支持するものとは思えないのだけれど。論理的には完全に正確とは言えないまでも、見事な雄弁さをもって、ヘンリー・ジョージはその有名な『進歩と貧困』[*4]において、われわれの土地関連法こそが社会のあらゆる経済的害悪の原因であり、地主というのは海賊や強盗と大差ない存在であり、国はさっさと強制的にその地代を没収するようにすべきであり、そうすれば貧困の問題は完全に解決される、と主張する。

でも、現在の社会の嘆かわしい状態についての責めや罰を、たった一つの階級の人々にだけ押しつけようという試みは、きわめて大きなまちがいではなかろうか。階級としての地主が、ふつうの市民に比べて正直でないなどということがいえるだろうか。平均的な市民に、地主になる機会を与えて、テナントのつくりだ

＊4 訳注　Henry George, *Progress and Poverty*, New York, D. Appleton & Co., 1879.

す土地の価値を手に入れる機会を与えたら、その市民は明日にでもそうすることだろう。つまりふつうの人は誰でも潜在的に地主になれるわけだ。だったら、個人としての地主を攻撃するというのは、国が自分自身について有罪判決を下して、特定階級をスケープゴートにするようなものだ[3]。

しかしながら土地システムを変えようとするのは、それを代表している個人を攻撃するのとはまるで話がちがう。でも、この変化はどのように実現されるのだろうか。わたしはこう答える。

事例の力によって。つまり、もっといいシステムを構築して、力の組み合わせやアイデアの操作にちょっと工夫をこらすことで。平均的な人間は誰でも地主になりえるというのは事実であり、自分で稼いでいない価値増分を回収されることについては文句を言う一方で、逆の立場になったらそれを平気で回収しようとするはずだ。

でも平均的な人物は、地主になってほかの人々がつくった賃料価値を回収する見込みはほとんどない。したがって、そうした収益が本当に正直なものか、私情をまじえずに考える存在としては適しているのだ。そして、他人のつくりだした賃料価値を奪う特権を自らが楽しむことなしに、一方で自分自身が絶えずつくり出したり維持したりしている賃料価値を奪われないよう保護されているような、新しいもっと公平なシステムをだんだんつくり上げていくことができないものか

3　わたしは『進歩と貧困（*Progress and Poverty*）』からかなりのインスピレーションを得た者であり、このような書き方をするからといって恩知らずとは思わないでほしい。

も、冷静に考えられるのだ。

これを小規模でやるにはどうすればいいかは、すでに示した。続いて、この実験をもっと大規模にやるにはどうすればいいかを考えなくてはならない。これについては章を改めることにしよう。

第12章　社会都市

「人間性というものは、あまり何世代にもわたって同じくたびれた土壌に植えられ続ければ、ジャガイモと同じで栄えることがない。わたしの子供たちは別の土地で生まれたし、その運命がわたしに左右できる限り、その根をなじみのない別の土地におろすことだろう」

——ナサニエル・ホーソーン『緋文字』

「人々がいま興味を持っているのはこういうことだ。民主主義を手にしたいま、われわれはそれを使って何をしようか。民主主義を使ってどんな社会をつくろうか。ロンドンやマンチェスター、ニューヨークやシカゴなどの光景が延々と続き、騒音や醜悪さ、儲け話、『コーナー』だの『リング』だの、ストライキだの、豪奢と窮乏のコントラストだのを果てしなく目にするしかないのか？　それとも万人に芸術と文化をもたらし、人々の暮らしに大いなる精神的な目標がある、そんな社会をつくり上げられるのだろうか？」

——「デイリー・クロニクル」紙、一八九一年三月四日

さてここでわれわれが取り組まなくてはならない問題とは、ひと言でこういうことだ。

田園都市の実験を踏み石にして、全国にもっと高度でいい形の生産的な生活を

広げるにはどうしたらいいか。最初の実験が成功しさえすれば、これほど健全でメリットの多い手法を拡張してくれという要求が、大量に出てくるのはまちがいない。したがって、そういう拡張が進むにつれて直面しなくてはならない、主な問題を考えておくほうがいいだろう。

この問題にアプローチするにあたっては、鉄道企業の初期の発展をアナロジーとして考えるのがいいだろう。われわれが自らの活力と想像力を示しさえすれば、手の届くところにあるこの新開発のもっと大きな特性と考えが、これでもっとはっきり見える役に立つはずだ。

鉄道はそもそも、なんの公共的な権限もなくつくられた。ごく小規模につくられ、路線延長も短かったから、地主一人か二人が同意すればつくれた。そしてそんな簡単に実現できるような個人的な合意や取り決めは、国の立法府に訴えるべき代物ではまったくなかった。でもロケット号がつくられて、蒸気機関の優位性が完全に立証されると、鉄道事業が前進するためには法的権限を獲得することが必須となった。というのも、はるか離れた地点の間の地主すべてに対して同じ取り決めを行うのは、不可能か、とてもむずかしいはずだからだ。頑固な地主が一人、自分の立場を利用して、どう考えても法外な値段を自分の土地に対して要求すれば、こうした事業は実質的に首が絞まってしまう。

したがって、土地を強制的に市場価格か、あるいはそこからあまり極端にはずれない金額で確保できるような権限を獲得することが必要となった。そしてこれが実現されて、鉄道事業はものすごい勢いで発展し、おかげである都市では鉄道建設用に、なんと1億3260万ポンドもの調達が議会に承認されたほどだ[1]。

さて、鉄道事業の発展に議会の力が必要だったのなら、新しいきちんと計画された町を建設することが本質的に現実性を持つもので、人口が古いスラム都市からそこに移住するのが自然で、しかも適用される権限に比例して、ある家族が古いろくでもない借家を出て、新築で快適な住居に移るのと同じくらい簡単に、古い都市からの移住は実現できるのだという認識がそれなりに広まれば、似たような権限がやはり求められるだろう。こうした町をつくるには、広い土地を確保しなくてはならない。あちこちで、一人かそこらの地主と交渉するだけで適切な用地が確保できるだろうが、もしこの移動が多少なりとも科学的に行われるのであれば、われわれの最初の実験で占有されたのよりもずっと広い用地が確保されなくてはならない。

さて最初の短い鉄道は、いまの鉄道事業の起源だったわけだが、そこから全国に広がる鉄道網を着想した人はごく少数だった。したがってわたしが描いたような、きちんと計画された町というアイデアを見ても、その後に必然的に続く展開――つまり町のクラスターの計画と建設――を受け入れる準備のできている人は少ないだろう。そのクラスターの中では、それぞれの町が異なっているけれど、

1 フレデリック・クリフォード『私法律案の立法史(*History of Private Bill Legislation*)』(バターウォース、一八八五)序文88ページ。

その全体は、一つの大きな考え抜かれた計画にしたがっているのだ。

ここで一つ、あらゆる町が発展する時に従うべき真の原理だとわたしが思っているものを表現した、非常におおざっぱな図式を持ち出してみよう。仮に田園都市が成長して、人口3万2000人に達したと想定する。その先はどうやって成長するのだろうか。その無数のメリットに惹かれてやってくる人たちのニーズには、どうやって応えようか。そのまわりにある農用地ゾーンに建設し、そして「田園都市」を名乗る権利を永遠に失ってしまうのがいいのだろうか。まさか。確かに町のまわりの土地が、既存の都市のまわりの土地と同じように、利益を上げようと腐心する個人の所有なら、そういう悲惨な結果はまちがいなく生じてしまうはずだ。この場合には、町がいっぱいになってくるにつれて、農用地が建築用に「熟して」きて、町の美しさと健全さはすぐに破壊されてしまう。

でもありがたいことに、田園都市のまわりの土地は、個人の所有にはなっていない。それは人々の所有物だ。そしてそれは、ごく少数の人々の見かけの利益のために管理運営されるのではない。コミュニティ全体の真の利益のために管理運営されるのだ。さて、人々が執念深く守ろうとするものとして、自分たちの公園やオープンスペース以上のものはない。したがって田園都市の人々が、その発展過程によって自らの美しさが破壊されるのを一瞬たりとも見過ごすおそれは、たぶんないものと安心していいはずだ。

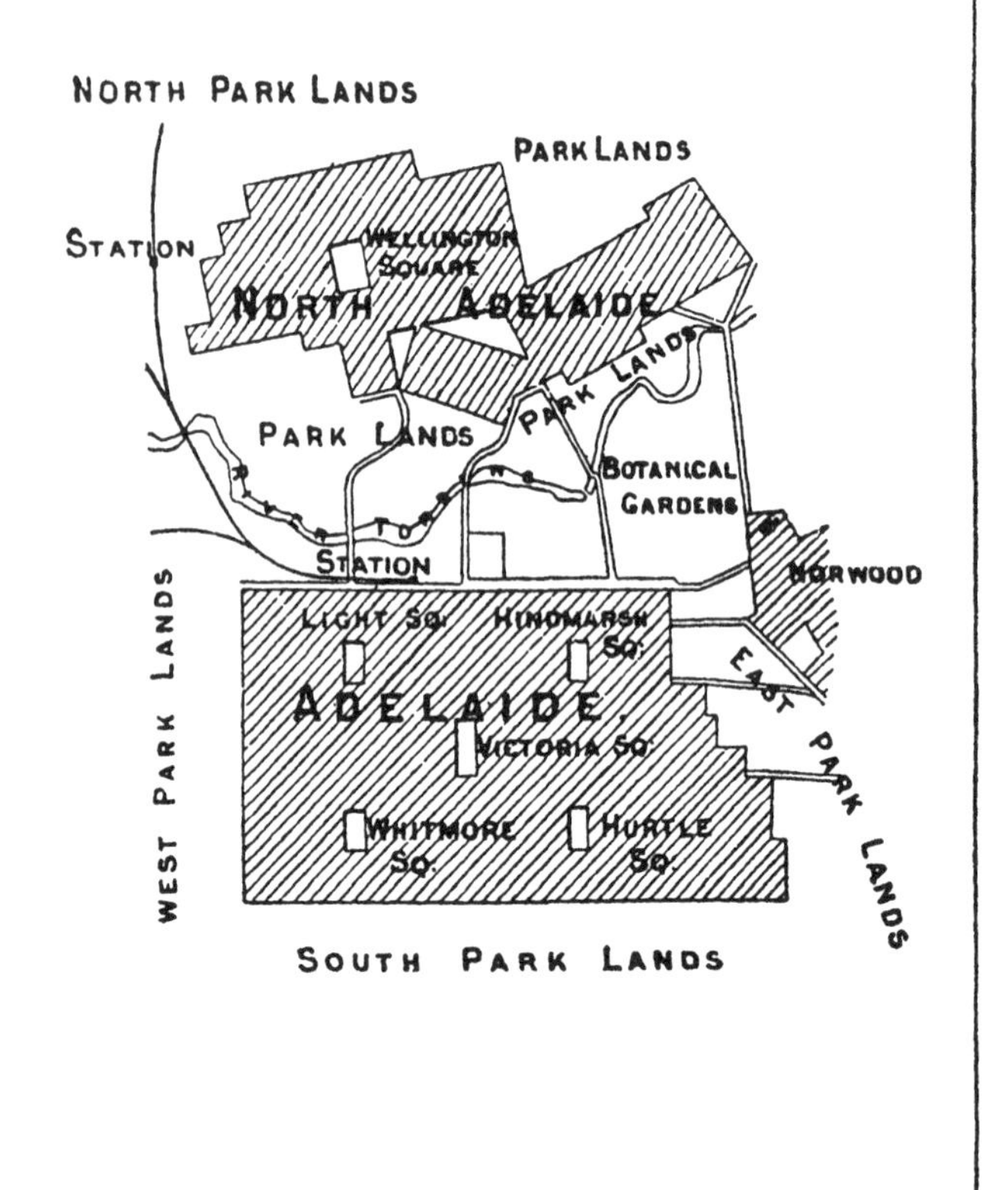

図 14　アデレードとその土地利用「アデレード：都市のまわり一帯にある公園地とその成長様式を示す」

でもこういう主張も出るだろう——もしこれが真実であるなら、田園都市の住民たちはそれによって、利己的にも自分の都市の成長を阻害し、結果として他の多くの人々がそのメリットを享受できないようにしているのではないか？ まさか。明るい、だが見過ごされてきた代替案があるのだから。町は、成長はする。でも、その成長はある原理にしたがうのであり、結果は次のようになる——成長しても、町の社会的機会や美や便利さは、失われたり破壊されたりすることはなく、むしろ拡大し続けるのだ。

ここでオーストラリアの都市の例を見てみよう。これはある意味で、わたしの考えている原理を例示しているものだ。アデレード市は、図14のスケッチ地図でわかるように、「公園地」に囲まれている。さて、都市は建て詰まった。どうやって成長しようか。「公園地」を飛び越えて、北アデレードを建設することで成長するわけだ[2]。そしてこれが田園都市でも遵守され、さらに改善されるはずの原理だ。

これでわれわれの図式も理解されるだろう。田園都市は建て詰まった。人口は3万2000人になった。どうやって成長しようか。自分の「いなか」部分からちょっと先に、別の都市をつくることで成長するのだ——たぶん議会の法制のもとで。その新しい都市も、自前のいなか部を持てるようにする。いま「別の都市をつくる」と言ったし、行政管理的には、これは都市が2つあることになる。でも、それぞれの都市住民は、お互いの都市の間を数分で行き来できる。なぜな

2 編注　アデレードだけでなく、オーストラリアやニュージーランドのほかの多くの都市は、もともと公園ベルトを持つ計画になっていた。この観光の霊感源は明確に追跡はされていないし、検討する価値がある。歴史を見ると、町のまわりに不可侵な農地ゾーンがあるというハワードの発想に先立つものはたくさんある。たとえば聖書のレビ記25章、エゼキエル書35章、トマス・モア『ユートピア』(一五一五)など。

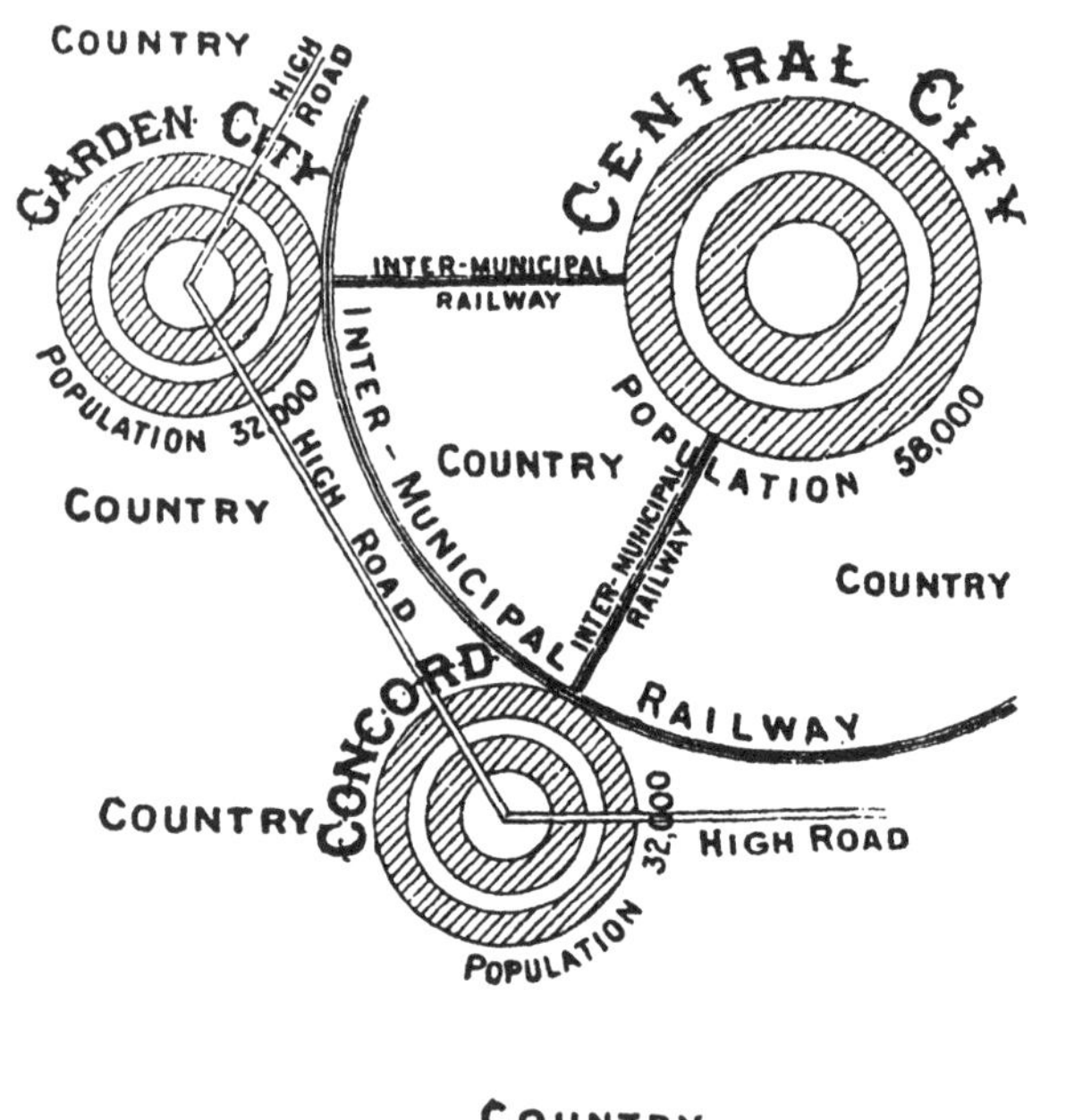

図15　都市成長の正しい原理「図式：都市成長の正しい原理を示す——開放的ないなかが常に手近にあり、派生都市との間にはすばやい交通がある」

らこのための高速交通が専用で提供されるからで、したがってこの二つの町の人々は現実には、一つのコミュニティを形成することになる。

そしてこの成長の原理――都市のまわりには必ずいなか地帯を保存するという原理――は、常に留意される。やがて時がたつにつれて、都市のクラスターができ上がる。これはわたしの図にあるような厳密な幾何学形態には従わないだろうけれど、でもある中央都市のまわりにグループをつくる。そしてそのグループの住人はすべて、ある意味では小さな町に住んでいることにはなるけれど、現実には大規模で実に美しい都市に住んでいて、そのメリットをたっぷり享受していることになる。それでいながら、いなかのさわやかな喜び――野原、茂み、林――単に整然とした公園や庭園だけでなく――は、ものの数分歩いたり乗り物に乗ったりすれば到達できる[3]。そしてこの美しい都市グループが建設される土地は、人々が集合的に所有しているものなので、公共建築、教会、学校や大学、図書館、画廊、劇場などは、土地が民間個人の手駒の一つでしかないような世界のどんな都市も手が出ないような、すばらしく豪勢なものとなるだろう。

高速鉄道輸送が、この美しい都市または都市グループに住む人たちによって実現されると述べた。図15を参照してもらうと、この鉄道システムの主な特徴はひと目でわかる。まずは都市間鉄道がある。これは外周部の町すべてを結ぶ――円周32km[*1]――だからどの町からでも、一番遠いご近所へ行くときですら、16km[*2]の移

3編注　アルフレッド・マーシャル教授は、帝国および地方税に関する王立委員会への証拠（一八九九）の中で、町のまわりと間にいなかベルトを確保する手段として全国的な「新鮮空気税」を提案している。「中央政府は、町や工業地区が人々の活力とその国民の中での地位を維持するのに必要とされる、新鮮な空気と十全たる遊びを十分に提供しない形で増大を続けないように、手を打つべきである。（中略）私たちは街路の幅員を広げて町中の遊び場を増やすだけでは足りない。私たちはまた、ある都市が成長して別の都市や近隣の村落に食い込むのを防がなくてはならない。町の間のいなかの広がりを酪農場などのため、そして公共の遊技場として維持しなくてはならない」

＊1訳注　原文では20マイル。

＊2訳注　原文では10マイル。

動ですむ。これならまあ、20分ほどですむ。鉄道は、町の間では停まらない――こういう移動手段は、電気式の路面列車によって実現される。この路面電車は高速道路を通るが、この高速道路はごらんのようにたくさんある――それぞれの町は、グループ内の他のすべての町と直通になっている。

また別の鉄道システムがあって、これで各町が中央都市と直通になる。それぞれの町から中央都市の中心部への距離は、5・2km[*3]しかないから、ものの5分で到達できる。

ロンドンのある郊外から別の郊外に行くのに苦労したことのある人なら、ここに示したような都市グループに住む人々がどれほど巨大なメリットを享受することになるかわかるだろう。かれらは、自分の目的に奉仕してくれる鉄道システムを持っているのであって、ロンドンのような鉄道カオスではないからだ。ロンドンで体験される苦労というのは、もちろん事前の考えと事前の取り決めが不足していたことから生じている。この点については、ベンジャミン・ベーカー卿による土木技師協会の会長報告からありがたく一節を引用させていただこう。

「われわれロンドン市民は、この大都市内部や周辺における鉄道と鉄道駅の配置について、何らかの体系(システム)が必要だとこぼします。それがないために、一つの鉄道システムから別のものへと乗り換える時に、タクシーで長い距離を移

*3 訳注　原文では3・25マイル。

動しなくてはならないことになるからです。こうした困難の存在は、主にきわめて有能ではあった国会議員ロバート・ピール卿の先見の明の不足から生じているのは確実だと思われます。というのも一八三六年に、ロンドンにターミナルを設けようとする鉄道路線案はすべて、特別委員会の審査を受けて、議会に提出された無数のプロジェクトから完全な鉄道網計画がつくられるようにして、不動産が競合計画のために無用に犠牲にならなくてすむようにすべきだ、という法案が下院に提出されたのです。ところがロバート・ピール卿は政府代表としてこの案に反対しました。その理由というのはこうです。『議会の多数決によってその事業や各種取り決めが満足であり、投資として収益性があると判断されない限り、どんな鉄道プロジェクトも実現されることはない。これらの場合に、許可が得られるためには事業の期待利益がそれをずっと維持するのに十分なものだということが示される必要がある、というのが認知された方針であり、地主としてもそうした保証を議会から期待し、要求するのは完全に正統なことだからだ』。このような反対が行われたがために、大都市の市内に大きな中央駅を持たないことで計算できないほどの被害がロンドン市民に意図せずして負わされたのであります。そしてその後の出来事により、法律を通しただけで鉄道の財政的な見通しについて何らかの保証になるという考え方がいかにまちがっていたかは、実証されたのであります」

しかしながら、イギリス人民は鉄道の将来の発展が夢にも思い寄らなかった人々の、先見の明のなさにいつまでも苦しめられなくてはならないのだろうか。まさか。史上初めて建設された鉄道網が、正しい原理にしたがうなどというのは、ほとんどあり得ないことだ。でもいまは高速交通手段の面で実現されたすさまじい進歩を見れば、われわれがそうした手段をもっと十分に活用して、わたしが雑な形で示したような計画に基づいた都市づくりをする時期は、とっくにやってきているのだ。そうなったらわれわれは、高速交通のあらゆる意味において、この過密な都市にいるよりもお互いにもっと近くなり、同時にきわめて健康的でメリットの多い条件に囲まれていることにもなるのだ。

わが友人たちの中には、こうした町のクラスターという計画は新しくつくる国には十分に向いているかもしれないけれど、昔から人が住んでいる都市では、すでに町もでき上がってしまっているし、鉄道「体系（システム）」もほとんどでき上がっているから、話がまるでちがってくるのではないか、と言う人もいる。しかしこういう主張をするということは、言い換えれば、国の既存の富の形態が永続的なものであり、もっといい形態の導入を永遠に阻害し続けると想定するようなものだ。この混雑して通気も悪く、無計画で、不毛で、不健康な都市――わが美しい島のまさに表面に生じた潰瘍――が、障害として立ちはだかり、現代的な科学手法や社会改革者たちのねらいが十分に開花するような町が導入できない、と主張しているに等しい。いや、そんなはずはない。少なくとも、いつまでもそんな状態でいられるはずがない。

現存するものは、存在できるかもしれないものをしばらくは妨害できるだろう。でも、進歩の波を押しとどめることはできない。こうした混雑した都市はその役目を果たした。おもに利己主義と強欲に基づいている社会が建設できるのはせいぜいがこんなものだったのだけれど、でも人間の性質の社会的な面が、もっと大規模に実現を求めているような社会には、まるで適応していない。この社会では、自己愛そのものですら、同胞たちの福祉をもっと重視せよという主張をもたらすのだ。

今日の大都市は、地球が宇宙の中心だと教える天文学の著作がいまの学校で使えないのと同じくらい、同胞精神の発現には適用させられないのだ。それぞれの世代は、自分のニーズに合わせて建設を行うべきだ。そして先祖が住んでいたからというだけで人があるところに住み続けるというのは、ずっと大きな信念と拡大した理解のおかげで過去のものとなった古い信念を抱き続けろというのと同じで、別に物事の本性でもなんでもないのだ。

だから読者のみなさんは、自分が無理もない誇りを抱いている大都市が、いまのような形ではまちがいなく永続的なものだなどと、無条件に考えないでいただきたいと、わたしは心からお願いするものだ。それは、駅馬車システムが実に大いに賞賛の対象となっていたのが、まさにそれが鉄道に取って代わられようとしていたそのときだったのと同じようなことだ[4]。直面すべき単純な問題、しかも決然と直面すべき問題は以下のようなものだ。

古い都市をわれわれの新しく高いニーズに適応させるのに比べて、比較的処女地に近いところに大胆な計画を開始したほうが、よい結果が得られるだろうか? このようにはっきり直面してみれば、この問題への解答は一種類しかない。そしてこの事実がきちんと把握されれば、社会革命はすぐにでも起きるはずだ。

わたしがここで描いたような町のクラスターを、既存の利害を比較的乱さず、つまりは補償の必要もほとんどなしに建設できるくらいの土地がたっぷりあることは、誰にでも理解されよう。そしてわれわれの最初の実験が成功裏に終われば、土地を買って必要な作業を一歩ずつ進めるために、必要な議会の力を得るのもそんなにむずかしくはないだろう。郡の評議会はいまやもっと大きな権限を求めており、そして仕事のたまりすぎた議会は、ますますその仕事の一部を郡に委譲したがるようになっている。そうした権限をもっと自由に与えられるようにしよう。もっといっそう大きな地方自治の手法を認めさせよう。そうすればわたしの図が描いたものすべてが簡単に実現できるようになる——ただしきちんと調整されて組み合わされた思考の結果として、もっとすぐれた計画となって。

でも次のような意見もあるだろう。「おまえは、自分の方式が間接的に脅かす

4 たとえば『ミッドロシアンの心臓』(ウォルター・スコット卿)の序章を見よ。

既存の利権が被るきわめて大きな危険性をそうやってはっきり公言することで、既存利権をおまえ自身に敵対するよう武装させて、それによって法規制による変化をすべて不可能にしてしまっているのではないか?」

わたしはそうは思わない。その理由は三つある。まず、そうした既存の利権は、一枚岩の重装歩兵のように進歩に反対して進軍しているといわれるが、状況の力と出来事の流れによって、いずれ分裂して敵対するようになるからだ。第二に、不動産所有者は、ときどきある種の社会主義者たちが自分たちに向けるような脅しに屈するのをとてもいやがるので、社会がまちがいなく高次の段階へと進むにつれてあらわれてくる、出来事の論理的な展開に対して交渉を行うほうがずっと望ましいと考えるからだ。そして第三に、これが最大かついちばん重要なもので、最終的にはあらゆる既存利権の中でいちばん影響力が大きいものだが——ここでわたしが言っているのは、手を使おうと頭を使おうと生活手段として働く人々のもつ既存の利権のことだ——これはこの変化の性質を理解しさえすれば、それを当然支持するはずだからだ。

以上の点について、個別に見ていこう。まず、既存の所有権をめぐる利権は真っ二つに分かれて、お互い対立するようになるとわたしは主張する。この種の分裂は昔もあった。だから鉄道法制の初期には、運河や駅馬車の既得権益は危機感を持って、自分たちを脅かす存在に対し、あらゆる力を駆使してそれを阻止し、妨害しようとした。でも、もう一つの大きな既存の利権がそうした反対をあっさり脇へ押しやった。この利権とはおもに2種類——投資先を求める資本と、自らを売りたいと思っている土地だ（第三の既存利権——つまり雇用を求める労働——は当時はほとんど自己主張を行っていなかった）。

そして、田園都市のような成功した実験が、こうした既存の利権のまさに屋台骨に巨大なくさびを打ち込むことになる点を考えてほしい。その屋台骨は抗しがたい力の前に分裂し、法規制の流れが強力に新しい方向へと向かうのを許すだろう。というのも、そういう実験がまさにとことんまで証明しつくすのはどういうことだろうか。すべてを挙げるには数が多すぎるけれど、なかでも、現在きわめて高い市場価値を持つ土地でよりも、未開発で未耕作の土地でのほうが（その土地が公正な条件で保有されさえすれば）、ずっと健康で経済的な条件を確保できるのだということを証明したはずだ。そしてこれを証明することでこの実験は、法外で人工的な賃料を持つ古い混雑した都市から、こんなに安く確保できる土地に人々が戻るためのとびらを開くだろう。

そうなると、二つの傾向が出てくるはずだ。まず、都市部の地価は強力に低下する傾向を見せるだろうし、それほど強力ではないが、農地の地価は上がる傾向を見せるだろう[5]。農地保有者、少なくとも農地を売っていいと思っている所有者——そして多くは現在でもすでに売りたくてしょうがないのだ——は、この

5　農地の上がり方が小さい主な理由は、農地と市街地を比べると、農地の方がずっと量が多いからだ。

実験の中でイギリスの農業を再び繁栄できる立場に戻すと約束している部分を歓迎するだろう。市街地の所有者は、かれらのまったくの自己中心的な利益追求が続く限り、これを大いにおそれるだろう。このように、全国の地主たちも二つの派閥に分かれて敵対するようになる。そして土地改革の道――ほかの改革すべてをうちたてる基盤となるもの――は比較的簡単になるだろう。

資本もまた同じように、敵対する勢力に分かれる。投資された資本――つまり社会から見て古い秩序に属するような事業に注ぎ込まれた資本――は警告を受けて価値が大幅に下がるだろう。一方で、投資先を求める資本は、これまでいちばんの懸念事項であった投資先ができて歓迎するだろう。投資済みの資本は、別の考察によりさらに力が弱くなる。既存の資本形態の所有者は必死で――かなりの犠牲を払いつつも――古い昔からの株の一部を売って、新しい事業、つまり自治体所有の土地に投資するだろう。かれらとしても「卵を全部同じバスケットに入れておく」のはいやだからだ。そしてこのように、既存の所有権から正反対の影響がうち消しあうことになる。

でも既存の所有権からくる利害は、わたしの考えでは、別の形でもっと大きく影響を受けることになるはずだ。裕福な人は、社会の敵として個人的に攻撃され非難されたら、その糾弾者たちがまったくの善意でそれをやっているとはなかなか信じないだろう。そして国家の強力な手によって、かれらに課税しようという動きがあったら、合法だろうと非合法だろうとあらゆる手口を使ってそうした動きに反対し、そしてかなり成功する場合も多い。でも平均的なお金持ちは、平均的な貧乏人に比べて利己性が著しく大きいわけでもない。自分の家や土地の価値が下がったとしても、それが強制によるものではなく、そこに住んでいた人たちが自前でずっといい家を建てる方法を学び、それもかれらにとってメリットのある形で保有された土地の上で、そして自分の領地では味わえないような多くのメリットを子供たちに享受させているからなのだということを理解したら、かれは不可避なことに対しては哲学的に頭を下げて、そして機嫌のいいときには、どんな課税の変化よりもずっと大きな金銭上の損害をもたらすこんな変化であっても、歓迎することだってあるかもしれない。あらゆる人には、多少なりとも改革の本能がある。どんな人にも、仲間に対する気づかいはある。そしてこうした自然な感情が自分の金銭的な利害と対立したら、その結果、誰しも反対しようという気持ちは必ず多少は和らぎ、そして中にはそれが、国の利益を求める熱心な渇望に完全にとって代わられる人さえいる。それが多くの貴重な所有物を犠牲にすることになろうとも。したがって、外からの勢力にはこうしないようなものであっても、内面の衝動の結果としてあっさり与えられてしまうこともあるわけだ。

さて今度はしばし、既存の利害の中で最大の、いちばん価値のある、いちばん永続的なものについて論じてみよう。技能、労働、エネルギー、才能、生産性といった既存利害だ。こうしたものはどのような影響を受けるだろうか。わたしの答えは次のとおり。土地や資本の既存利権を二つに分ける力は、生活のために働く人々の利害を団結・統合させるだろう。そしてその力を、農地所有者と投資先を求める資本と団結させるように働き、そして国家に対し、社会改革のために設備をすぐに開放する必要があることを促すだろう。そして国家がぐずぐずしているようなら、田園都市実験で採用されたような、自発的な集団の力を集めるのだ。ただし経験から必要とわかった変更を加えて。

図15で示されたような、都市のクラスターをつくるという仕事は、人類を団結させるあの情熱をあらゆる労働者の中にかきたてるだろう。それは、あらゆる種類の技師や建築家、芸術家、医療関係者、衛生専門家、修景造園家、農業専門家、測量士、建設業者、製造業者、商人や金融業者、同業組合の組織家、友愛組合や協同組合など、最高度の才能を要求する仕事だからだ。そしてさらにはいちばん単純な未熟練労働、その間に横たわる、技能や才能の要求水準が低い各種の仕事まで、あらゆるものが必要となる。

この仕事はあまりに莫大なので、わたしの友人の中にはそれでしり込みする人もいるようだ。でもその膨大さこそはまさに、それがふさわしい精神とふさわしい目標をもって実行された場合に、コミュニティに対して持つ価値の尺度でもある。大量の仕事は、今日最も必要とされているものの一つだ、という点は何度も指摘されている。そして文明が始まって以来、社会の外的な組成を丸ごとつくり直すという目前の仕事ほど巨大な雇用の場が開けたことなど一度もないのだ。それを建設する仮定で、何世紀にもわたる経験から学んできた技能や知識すべてが動員されることになる。今世紀の初期に、この島の全長全幅にわたって鉄の高速路線を敷設し、あらゆる町や都市を広大なネットワークで結びつけるというのは「大仕事」ではあった。でも鉄道事業は、影響は広大ではあったけれど、この新しい仕事に比べれば、人々の生活を本当にかすっただけのようなものだ。この仕事は、スラム都市の代わりに新しい故郷の町をつくろうとする。混雑した中庭の代わりに庭園を植えよう。洪水の谷間の代わりに美しい水路をつくろう。カオスの代わりに、科学的な流通システムをつくろう。消え去ろうとしていると願いたい利己性に基づく土地占有方式に代わり、もっと公正な占有方式をつくろう。いまはタコ部屋に押し込められている高齢貧困者を自由にするための年金基金をたちあげよう。堕落した人々の絶望を解き、その胸に希望を呼び覚まそう。怒りのきびしい声を鎮め、兄弟愛と善意の柔らかな声を目覚めさせよう。平和と建設の実施を強力な手にゆだね、戦争と破壊の実施が無益となって低下するようにしよう。ここにあるのは、労働者の大軍を結びあわせ、その力を活用できるような仕事だ。それが無駄になっていることこそ、いまのわれわれの貧困や病苦の半ば以上をつくりだしている元凶なのだ。

第13章　ロンドンの将来

新しい雇用の広大な場が、新しい地域に拓かれるということについては、読者諸賢もそろそろある程度はっきりと思い描けるようになったことと思いたい。さて、そのときにいまの過密な都市が被る大きな影響の一部について考えてみるのも面白いだろう。新しい町や町のグループが、われわれの島のこれまで無人だった場所にボコボコと生まれてくる。新しい輸送手段、それも世界がこれまで見たこともないほど科学的なものが建設される。新しい流通手段によって、生産者と消費者は密接に結びつき、したがって（鉄道料金や輸送料をなくし、中間マージンを減らすことで）生産者から見れば値段を上げつつ、消費者にとっては値段を下げることとなっている。公園や庭園、果樹園や森林が、人々の忙しい生活場所のまん中に植えられ、十二分に味わえるようになっている。これまでずっとスラムに住んでいた人々のために、住宅が建てられている。仕事のない人には仕事が見つかり、土地のなかった人に土地が与えられ、長いことつもりつもったエネルギーの噴出機会がいたるところで顔を出す。個人の技能が目覚め、きわめて完全な協調行動と完全な個人的自由をどちらも認める社会生活の中で、人々がこれまでずっと求めてきた秩序と自由の調和手段――個人の福祉と社会の福祉の調和手段――を見いだすにつれ、新しい自由と歓びの感覚が人々の心にあふれている。

こうした新しい状況と対比させられると、われわれの過密な都市の形は一気に古くさく気の抜けたものに見えてくる。そしてそういう既存の都市への影響は実に遠大な性質のものだから、きちんと検討するためにはここではロンドンに話をしぼったほうがいいだろう。ロンドンはわれわれの都市の中で最大かついちばんどうしようもないもので、だからこうした影響をいちばん派手な形で示してくれるはずだからだ。

　そもそもの発端でわたしが述べたように、地方部の過疎化と都市部の過密化への対処方法が必要だという意見は、衆目の一致するところとなっている。でも、みんな対処法をきちんと探すべきだと提言するものの、どうも実際にそんな対処方法が見つかると信じている人は、実はあまりいないように思える。そして議員や改革者たちのやる計算は、大都市から地方部へ人口の潮流が逆転して移動することなんかあり得ないだけでなく、勢いこそ多少弱まっても、いまのままの傾向がこの先ずっと続く、という想定に基づいて進められている[1]。

　さて、対処方法を探そうというときに、探しているような対処方法が見つからないという固い信念があれば、探索もあまり熱心かつ十分には行われないだろうと思ってまちがいない。したがって、かつてのロンドン郡評議会の議長（ローズベリー卿）はこの巨大都市の成長ぶりが腫瘍の成長ぶりと見事に比肩されると宣言はしたけれど（63ページ参照）――このアナロジーの正確さをあえて否定する者はほとんどいない――この評議会の多くの評議員は、人口を減らすことでロンドン改革を行うのにエネルギーを注ぐ代わりに、自治体になりかわってすさまじ

1　ここでの話は、ほとんど例を挙げるまでもないだろう。でもわたしが思いうかべるのは、大都市上水道に関する王立委員会報告（一八九三）の基本的な前提が、ロンドンの成長が続くというものであった、ということだ。一方でH・G・ウェルズ氏は、ロンドンの将来の成長についての見解を、最近になって完全に変えたと書いておけば十分だろう（*Anticipations*、第2章を見よ）。さらに『帝国の心奥（*The Heart of the Empire*）』（Fisher Unwin）所収のP・W・ウィルソン『産業配置論（*The Distribution of Industry*）』と、*Society of Arts Journal* 一九〇二年二月号所収のW・L・マグデン、M・I・E・E.『産業の再配置（*Industrial Redistribution*）』も参照。

い量の公共工事を肩代わりしようという政策を大胆にも支持している。しかもその価格は、長きにわたって探されている対処法さえ見つかった場合の価格に比べれば、まちがいなくずっと高価なのだ。

では本書で提案されている対処方法が有効だったと想定しよう（もし読者がまだまゆつばだと思っているなら、あくまで仮説としてでもいい）。全国の自治体所有の土地に、新しい田園都市が次々に出現しているとしよう——こうした共同所有地の税・地代が、現代工学の代行の技能と啓蒙改革者たちの最高の熱望を反映した公共工事を行うだけの資金をもたらしているとしよう。そしてこうした都市では、もっと健康で豊かで生活で、もっと公正で経済的な条件が花開いているとしよう。そうしたら、自然な道理としてロンドンとロンドン住民に対して、どのような目に見える影響があるだろうか。ロンドンの地価に対してはどうだろうか。ロンドンの自治体債務に対しては。自治体の資産に対しては。労働市場としてのロンドンには。その住民の家屋には。そのオープンスペースには。そしてこれらが社会主義的な自治体改革者たちが、いま実にいっしょうけんめい確保しようとしている大公共工事に対しては？

まず、地価はすさまじく低下することは認識しよう！　もちろん、イギリスの15万km²のうち310km²がものすごい磁石のような吸引力を発揮して、全人口の5分の1を引き寄せ、それがお互いにその狭い領域を占有する権利を求めてお互いに熾烈な争いを展開するなら、それが続く限りその土地は独占価格になるだろう。でもその人々が引きつけられないようにして、その多くに対してどこかよそに移住したほうがあらゆる意味で条件がよくなると説得できれば、その独占価値はどうなるだろうか？　魔法は破れて、巨大なバブルが破裂する。

　でもロンドン住民の生命と稼ぎは、その土壌の所有者に質入れされているだけではない。地主たちは、親切にもかれらにすさまじい地代を払わせて、そこに住まわせるのを認めてやっている——地代はいまのロンドンの地価から計算して年１６００万ポンドでしかも毎年増えている。でもこれだけでなく、ロンドンの自治体債務に対応した４０００万ポンドの質にも入っていることになる。

　しかしこの点に留意してほしい。自治体の借金を負担する人々は、ある重要な一点で、通常の債務負担者とまったく異なっている。自治体の借金のほうは、移住すれば支払いをまったく免れるのだ。単にその自治体の地区から引っ越せば、かれは一気にその事実に基づいて、地主に対する支払い義務を振り払うだけでなく、自治体に対する債権者への支払い義務もすべて捨てられるのだ。確かに、引っ越せば新しい自治体の地代と、新しい自治体の債務負担を引き受けなくてはならない。でもこれらはわれわれの新しい都市では、現在負担させられている額に比べてきわめて少額となって、しかもそれは減少を続ける。そして引っ越そうという誘惑は、この理由からもその他多くの理由からも、きわめて強いものとなる。

でもこんどは、ロンドンから各人が引っ越すにつれて、残った人の地代負担は軽くなるけれど、ロンドンの納税者の税負担は大きくなることを理解してほしい。というのも、人が移住するたびに、残った人は地主ともっと有利な条件で借地契約ができるようになるけれど、自治体の債務は同じままだから、それにかかる金利負担を負う人の数はますます少なくなるわけだ。したがって、地代が減ることによる労働人口の負担軽減は、税金の増大によってかなりうち消されてしまう。だからこれによって移住しようという誘惑は続き、引っ越す人はさらに増え、そして債務負担はますます大きくなっていき、いずれ地代がどんなに下がったところで耐え難いものとなる。

もちろんこの巨額の借金はそもそもなくて済んだはずのものだ。ロンドンが自治体所有の土地に建てられていたら、地代だけで現在の支出はすべて楽にまかなえただろうし、長期にわたる債務のために追加の税金の課すような必要もなかっただろうし、自分の上水道やその他便利で収益をもたらす公共事業を自分の手におさめることもできただろう。現在のように、巨額の債務とわずかな資産しかない、などということもなかっただろう。

でも、過酷で不道徳なシステムはいずれ崩壊するものだ。そしてその崩壊点に達したら、ロンドンの債権保有者たちは、ロンドンの土地保有者たちのように、移住してもっといい明るい文明をよそにつくれるという簡単な対処法を適用できる人たちと、なんらかの手打ちをしなくてはならない。この古代都市の敷地に、公正でまともな条件のもとに再建を認めてやらなくてはならないのだ。

次にごく手短に、こうした人口移住が二つの大きな問題に動影響するかを考えよう。その問題とは、ロンドンの人々の住宅問題と、ロンドンに残った人に職を見つけるという問題だ。現在、ロンドンの労働者たちがきわめて悲惨で不十分な住宅のために支払っている賃料は、毎年収入にしめる比率が上がってきている。そして職場に赴き、帰ってくるコストも上昇を続けていて、時間的にも金銭的にもかなり大きな負担となっている。

でも、ロンドンの人口が減少、しかも急速に減少していると想像してみてほしい。移住していった人たちは、賃料がとても低く労働は楽に徒歩圏内にあるような場所に住み着くのだ！　ロンドンの住宅物件が賃料の面で低下するのは当然だろう。しかもその下がり方は半端ではすまない。スラム物件の賃料はゼロまで下がり、労働人口はすべて、いま占有できるものよりかなり上等な家屋に引っ越す。いまは一室にすし詰めとなっている家族は、五、六室借りられるようになる。このように住宅問題は一時的に、テナント数の減少という簡単なプロセスによって解消される。

でもそのスラム物件はどうなってしまうのだろう。ロンドンの貧民たちの、汗の結晶である稼ぎの相当部分を脅し取る力は永遠に失われてしまったら、もはや健康に対する危険はないし、人の尊厳に対する侮辱でもなくなっているわけだが、永遠に目障りな汚点としては残り続けるのだろうか。いいや、こうした劣悪なスラムは取り壊され、その敷地は公園やレクリエーション場、市民農園などとなる。そしてこれらをはじめとする数多くの変化は、納税者の負担にはまったくならず、ほとんど完全に地主階級の負担で行われる。つまりロンドンの人々の中で、まだ賃貸価値のある物件に住む人々が支払う地代が、都市改善の費用を負担しなくてはならないという意味でだが。またこの結果を生み出すために、議会立法による強制が必要になるとも思わない。たぶん地主たちの自発的行動によって実現されるだろう。逃れようのない裁きの女神ネメシスに説得され、これまであまりに長いこと犯してきた大きな不正に対してなんらかの是正措置を行おうとするだろう。

というのも、必然的にどんなことが起きなくてはならないか考えてみるがいい。広大な雇用機会がロンドンの外に開かれ、それに対応するだけの機会がロンドン市内にできなければ、ロンドンは死ぬしかない――そうなったら地主たちは悲惨な窮状に陥る。ほかのところに都市がつくられている。そうなったらロンドンも変わるしかない。ほかのところでは町がいなかを浸食している。ここロンドンでは、いなかが町を浸食しなくてはならない。ほかのところでは、都市が土地に低価格しか支払わらず、その後はその土地を新しい自治体にゆだねるという条件で建てられている。ロンドンでもそれに対応する取り決めがないと、誰もなにも建てようとはしないだろう。ほかのところでは、買い取るべき利権がほとんどないという事実のために、各種の土木や建設が急速かつ科学的に進行できる。ロンドンでは、似たような工事をするには、既存の利権が避けがたい状況を認識し、とんでもないと思えるかもしれない条件を受け入れなければならない。でもそれはとんでもないといっても、製造業者がしばしば受け入れざるを得ない条件と大して変わらない。製造業者は、非常に高くついた機械であってもとんでもなく低い価格で売るしかないことがよくある。市場にずっといい機械がでまわっていて、きびしい競争のもとではその劣った機械を使っても引き合わないからだ。資本の入れ替えはまちがいなくすさまじいものとなるだろうが、労働の向上ぶりはもっとすごいものになるだろう。一部は比較的貧しいままになるかもしれないが、多くは比較的金持ちとなる——きわめて健康的な変化で、それに伴うちょっとした害悪は、社会がすぐにでも調停できるくらいのものだ。

このきたるべき変化はすでに目に見える症状となって現れつつある——地震に先立つ地鳴りのようなものだ。いまこの瞬間のロンドンは、地主に対するストライキに入っているといえる。長く渇望されたロンドンの改良は、そうした改良のコストの一部をロンドンの地主に負わせるような法律上の変化を待っている。鉄道は計画されているけれど、建設されない場合もある——たとえば、エッピング・

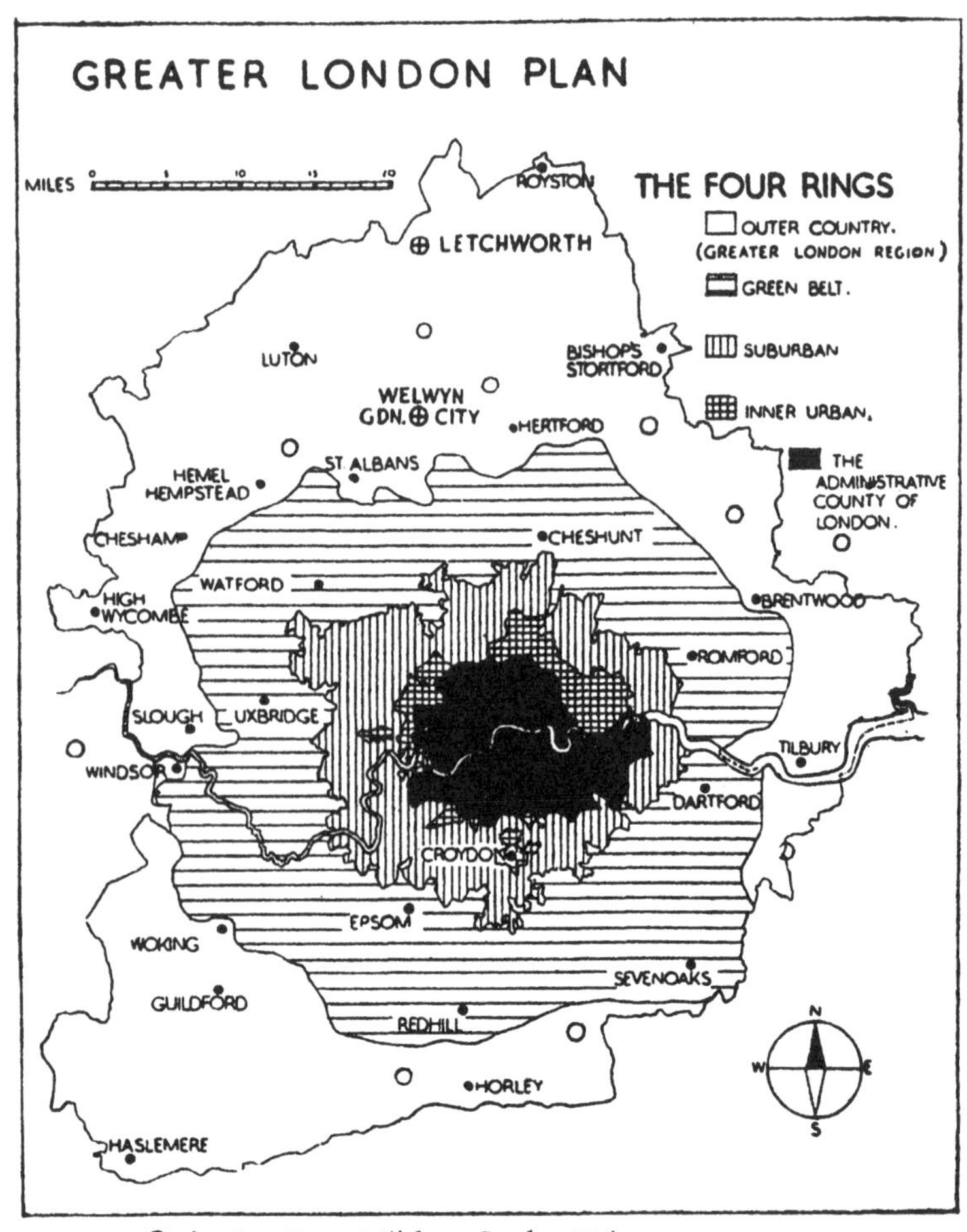

図16　田園都市の発想をロンドンに適用する。サー・パトリック・アーバークロンビー教授の大ロンドン計画における8～10ヵ所の衛星都市配置といなかベルトの保存

フォレスト鉄道などだ――これはロンドン郡評議会が、きわめて正当にも労働者向けの列車の料金を下げようと腐心して、事業者にしてみればきわめてうっとうしく収益性のない条件を、国会委員会を動かして強制しているからだ。でもその条件も、もしその計画路線上の土地その他物件に対して要求されているすさまじい価格がなければ、その会社にとってきわめて利益の高いものとなるはずだ。

企業に対するこうしたチェックは、いまでもロンドンの成長に影響を与えているはずで、それがない場合に比べて、ロンドンの成長を減速させる結果となっているだろう。でも、われわれの土地の語られざる宝の鍵が開けば、そしていまロンドンに住む人々が、既存の利権は攻撃するまでもなく簡単に回避できるのだということを発見するようになったら、ロンドンの地主たちや、その他の既得権益を持つ人々は、いそいで手を打ったほうがいい。さもないとロンドンは、グラント・アレン氏が「むさくるしい村」と呼んだものであり続けるばかりでなく、無人のむさくるしい村となり果てるであろう。

でもましな見解が栄えるものと期待しようではないか。そして新しい都市が、古い都市の灰の上に築かれると。この仕事は確かにむずかしいものとなるだろう。われわれの図16に示したような壮大な都市の計画を、処女地に引くのは、比較的簡単だ。それよりずっとむずかしいのは――たとえあらゆる既存の利権が自由に道を譲ったとしても――古い敷地に新しい都市を再建することだ。しかもその敷地に膨大な人口が住んでいる場合には。でも、少なくともこれだけは確実に言える。いまのロンドン郡評議会の範囲に住む人口は（もし健康と美しさと、そしてあまりにしばしば前線に送られてしまうもの——富の形の急速な生産——を考えるなら）、いまの5分の1くらいの人口しか擁するべきではない。そして新しい鉄道系、下水道、排水、照明、公園などを建設しなくてはロンドンは救えないし、一方では生産と流通のあらゆるシステムは、かつての物々交換からいまの複雑な商業システムへの変化にも等しい、完全かつ壮絶な変化をとげなくてはならないだろう。

ロンドン再建の提案はすでに提出されている。一八八三年には故ウィリアム・ウェストガースが学芸協会（Society of Arts）に、ロンドン中央の再建とロンドンの貧民に住居を提供するための最善の方法を述べた懸賞論文用に、1200ポンドを提供している——この懸賞で、かなり大胆な提案がいくつか提出された[2]。もっと最近では、アーサー・コーストン氏の著書『ロンドンの街路改良に関する総合計画』*1がスタンフォード社から発刊され、その序文には次のような衝撃的なくだりがある。

「ロンドンに関する文献は、広範ではあるものの、ロンドン市民にとって大いに関心のある一つの問題の解決を狙ったものは、一つもない。ロンドン市民たちも、ますますあちこち旅行するようになり、アメリカや外国の都市な

2 『ロンドン中央の再建（*Reconstruction of Central London*）』（George Bell and Sons）を見よ。

＊1 訳注 Arthur Cawston, *A Comprehensive Scheme for Street Improvements in London*, London, E. Stanford, 1893.

どのおかげもあって認識するようになってきたことだが、この首都のすさまじい成長はそれをコントロールする自治体によるガイドもなく、世界最大であるばかりか、おそらくはいちばん不規則で、不便で、秩序皆無の建物の寄せ集めになり果ててしまっている。パリの改造に関する総合計画は、一八四八年以来だんだん発展してきている。一八七〇年以来、ベルリンからはスラムが消えた。グラスゴーの中心部40ヘクタールは設計され直した。バーミンガムは密集したスラム42ヘクタールをすばらしい通りに変え、その両側には立派な建築物が建っている。ウィーンはその壮大な外郭環状道路を完成させ、これから都心部の再デザインにとりかかる。そして著者のねらいは、例示と図示によって、こうした都市の改良のためにうまく活用された手段を、ロンドンのニーズにいちばんうまく適応させるにはどうしたらいいか、というのを示すことなのである」

ロンドンの完全な再建の時期は——いずれはパリやベルリン、グラスゴー、バーミンガム、ウィーンなどでいま行われているよりも、ずっと徹底的なスケールで行われるであろうが——しかしながらまだ到来していない。もっと簡単な問題をまず解決しなくてはならない。小さな田園都市が一つ、作業モデルとして建設されなくてはならない。それから前章で述べたような都市グループが一つつくられなくてはならない。この仕事が終わり、しかも首尾よく完了すれば、ロンドンの再建も必然的に続くしかないし、その道を妨害する既存の利権の力も、完全ではないにせよほとんどが取り除かれているはずだ。

だから、まずはこのささやかなほうの仕事に全力を注ごうではないか。そしてその後の大きな仕事は、目先の決まった仕事をやるインセンティブとしてのみ考えようではないか。そして、正しい方法で、正しい精神をもってなしとげたときの、小さなことが持つ大きな価値を実現する手段として考えようではないか。

訳者あとがき

本書はEbenezer Howard, *Garden Cities of To-Morrow* の全訳である。翻訳の底本としてはMIT Pressから一九六五年に刊行されたペーパーバック版を使っている。原著は一八九八年に *To-Morrow: A Peaceful Path to Real Reform* という題名で発表され、一九〇二年にいまのタイトルで再刊された。変更箇所については後出。

また、FABER AND FABER社から刊行された一九五一年版の編者フレデリック・J・オズボーン（ハワードの弟子筋にあたる）と、都市文明学者として名高いルイス・マンフォードの一九四五年の序文や、一九六五年のMIT Press版に再度オズボーンが寄せた序文もあわせて収録した。また、索引は独自に拾いなおした。

はじめに

都市計画の歴史の中で、これはとてもだいじな文献だ。これは現代的な都市計画（厳密にはニュータウン計画）をきちんと提言した最初の本だからだ。

もちろん、都市計画そのものは昔からある。そして新都市建設だって、もちろんあちこちで行われてきた。日本の平城京、平安京が四角い碁盤の目の都市計画でつくられた新都市で、それが古代中国の長安をまねたもので云々、という話は小学校の社会科で習うし、トマス・モア『ユートピア』やスウィフト『ガリバー旅行記』など、多数の小説に理想的な都市の姿はたくさん描かれている。昔から、ある理想に基づいた都市計画というのはあるのだ。そしてもちろん、新都市建設だっていくらでも行われてきた。どんな都市であれ、どこの時点で何らかの形で、ある程度は人為的に創設されたものなんだから。

でもそうした都市計画は、なんらかの統治原理や宗教的・政治的な世界観や権力構造の表現だったりする。もちろん人が集まって住んだというだけの、グチャっとした都市は昔からあった。そしてそうした都市でもどこかの時点で、名もない土木エンジニアたちや関係者たちが、軍事的な防衛やインフラ整備をアドホックに実現しようと必死の努力をつづけてきていた。そうした現実はもちろん理念の構築にも影響した(城壁や広場など)。でも、メインはあくまで理念であり、人々――まして市井のパンピー――などは、空いたところに適当に住んでいればいい存在でしかない。

このハワードの田園都市は、ほとんど初めて住民の立場から考えられた都市計画だと言っていい。ここには神様もいなければ、すべてを決める絶対君主もいない。中心には、王宮もなければモニュメントもない。ここで提案されている田園都市の中心には、大きな公園があり、それを取り巻いて各種の公共建築がある。

つまりは、市民のための施設や空間が置かれている。そして全体も、まず住民向けの住戸規模が前提だ。形式自体は目新しいわけではないだろう。中心と周縁の構造を作ってヒエラルキーを確立するやりかたは昔からあるし、中心に公園を置くのはニューヨークもワシントンD.C.もそうだといった指摘はできる。でもそこに表現されている理念は、それまでのものとはかなりちがう。そして計画は大枠にとどめ、あとはある程度の市場競争と人々の自主性に任せるという、民主主義と市場原理に基づく計画と自由放任のミックスが提示されている。

そして同時にこれは、テクノロジー――蒸気機関を使った鉄道と工業を前提とした新しい都市構造の試みでもある（航空機についてはちょっと言及があるのに、自家用車の可能性がまったく考慮されていないのは面白いが）。そうした技術変化と、それに伴う社会変化に対してどう取り組むか――しかも、物理形態だけでなく産業と経済システムと社会構造まで踏み込んで検討したもの――を一つの理念として、まとまりある形で、しかも経済的、財務的に一貫性を持つ形で、つまりは理念だけでなく現代的なプロジェクトとして提示して見せたのが本書だ。

エベネザー・ハワードと本書

エベネザー・ハワードの略歴については、オズボーンの序文に詳しいのでそちらを見ていただきたい。そこにあるとおり、基本的にはハワードは、本書の刊行とその実践であるレッチワースとウェリン田園都市の創建が何よりも大きな業績だ。それまでは小店主の息子として一八五〇年に生まれ、アメリカのネブラスカ州に開拓民として渡ったものの、成功せずにシカゴで四年ほど速記者をしている。ちなみにハワードは、田園都市という名称や考え方が完全に自分のオリジナルだと主張はしているものの、このシカゴ時代に少なくともヒントは得ているのではないか、という見方が強い。シカゴの愛称の一つは、その紋章にある「Urbs in Horto」、つまり「庭園（田園）の中の都市」だし、農業地帯に囲まれた都市という姿も田園都市の発想と似通っているからだ。[*1]

そしてハワードの得意とするのも、既存のものの改良だったといえる。序文では、かれが発明家でもあり工房で職人に作業をさせていたと書かれている。実際にはあまり成功した発明はないとのことで、いちばん有望そうだったのは、文字の間隔を変えられるタイプライターだったという（序文にある、レミントン・タイプライター導入云々はこれに関係しているようだ）。これも、結局完成しなかったとはいえ、新しい工夫と組み合わせという発想は、本書に見られる田園都市の考え方にも通じるものがある、と言えるかもしれない。本書第10章の章題にもある通り、『明日の田園都市』は、「各種提案のユニークな組み合わせ」なのだから。

さてハワードは一八七六年に帰国してからもロンドンで速記を続けている。決して高収入の仕事ではなかったものの、この仕事で当時のイギリスにおける各種

＊1　本書のハワードの伝記情報や『明日』との相違点については、二〇〇三年に再刊されたHoward, *To-Morrow: A Peaceful Path to Real Reform* (Routledge, 2003) と、そこにつけられた、Peter Hall, Dennis Hardy, Colin Ward の注釈と付記に基づいている。

の論争や時事問題に触れる機会があったことがその後の思想形成にあたって重要だ、という指摘も一部にある。

そして速記者時代のロンドンは、産業革命がもたらす新しい社会変革の可能性と、そしてそれに対応しきれない都市や社会の矛盾とが混在している、非常に面白い状況にあった。ウィリアム・モリスが活躍し、なぜか本書ではほとんど触れられていない社会主義運動が台頭する一方で、本書でもしきりに引用されるクロポトキンのアナキスト運動も新聞を発行して活動を本格化させていた。

物理的な都市環境の面では、本書の冒頭でハワード自身が言及しているような、かなりひどい状況が見られた。ただし、エンゲルスが『イギリスにおける労働階級の状態』(一八四八)で書いたような、労働者が掘っ立て小屋に押し込められて排泄物まみれで暮らしているといった状況ではない。エンゲルスが一八八六年に同書に書いた新版への序では、多くの労働環境、生活環境が劇的な改善を見せていたことが指摘されている。ちょうどこの『明日の田園都市』が書かれた頃だ。当時のロンドンなどの都市環境がひどかったのは事実だ。そして、都市への人口流入に伴うスラム問題はまだまだ残っていた。でも、それに関する対処療法的な対策はいろいろ講じられていた。そしてもちろん、ハワードの引用にもあるとおり、すでに都市環境の改善は大きな社会的課題として政治家にも採り上げられており、一部は実行に移されていた。ハワードの発案も、そうした社会的な動きの一つとして理解する必要がある。

では、その発想はどこから出てきたのだろうか。序文ではあまり触れられていない、ハワードの思想形成から簡単に追って見よう。

まず序文ではイギリスに帰国したハワードが「非国教会派の信徒や、非正統派宗教家の集団に熱心に参加」とある。かれが参加したのは、懐疑派協会(Zetetical Society)という論争サークルだった。これは短命ながらもバーナード・ショーやシドニー・ウェッブも参加していた有力な集団であり、ハワードはかれらとかなり親しかったという。それだけに本書で引用されている、ウェッブのファビアン協会による『明日の田園都市』初版に対する嘲笑的な書評には驚かされる。ただし、ファビアン協会は当時、スラム問題に対して失業者向け慈善事業的な方向性を目指しつつあり、ハワードの提案とは反りがあわなかったのかもしれない。

さらに、当時の大きな問題は土地だった。一八八〇年頃から、ハワードはこの土地問題を重視するようになっていた。産業革命に伴う農地や放牧地の囲い込み、そしてそれに伴う農民の農地放棄と地方部の荒廃は大きな問題となっており、これに対して地価税をかけてそれを公共用途に使おう、地方部の土地を買い上げたり、土地すべてを国有化したりして、農民に土地を戻そう、といった主張と運動があちこちに登場した。これを主張する大きな組織の一つが、アルフレッド・ラッセル・ウォレスを中心とする土地国有化協会だ。ウォレスという名前に見覚えがある人もいるだろう。これはかのダーウィンとほぼ並行して自然淘汰による進化論を考案し、口さがない人には「ダーウィンに抹殺された」などと言われることもある、あのウォレスだ。ウォレスはハワードとも親交が深く、後に田園都市協会を立ち上げるときにも協力している。

この都市のスラム問題と、農村の荒廃問題をまとめて解決するアイデアをもたらしたのは、本書でも何度か引用される、当時のイギリス（つまりは世界）経済学の宗主的存在だったアルフレッド・マーシャルだ。かれは都市問題の解決策としてロンドンから少し離れたところに新しい居住地をつくるべきだと述べた論説を発表しており、ハワードにとって大きなヒントとなった。

その新しい都市の物理形態と社会構造については、エドワード・ベラミー『顧みれば』が大きな影響だった。社会主義的コミュニティが全体として農地も都市部も土地を保有し、そこに美しい広々とした市街地と農地をつくりだすという発想は、もちろん田園都市の基礎となる。ハワードは、これを実現しようとする労働国有化協会の創設支援さえしている。が、まもなくベラミーの方式が独裁的だと考えるようになった。そしてそこで、クロポトキンの電力をベースにした「工業村」のビジョン、そして工業、農業、市街地の一極集中から分散配置への提案を見て、その考え方に大きく共鳴する（未完の自伝草稿では、自分の思想にアナキズム的なものがあることを主張しているという）。

これらに加え、本書中で引用されているバッキンガムの都市設計や植民地構築の理論なども取り入れることで、本書の原形となる『明日』の全体像が形成されたわけだ。

この全体像というとき、それがフィジカルプランだけでないことは改めて念頭に置くべきだろう。産業革命や新しい交通システムに対応した新都市像だけなら、ガルニエの工業都市やフランク・ロイド・ライトの自動車による完全分散都市、ル・コルビュジエの輝く都市をはじめ、さまざまな試みがある。でもこうした建築家たちによる物理的な形態をメインとした新都市構想に比べ、ハワードの構想は、その背後にある経済システムと社会行政構造に圧倒的な重点が置かれている。これはもちろん、その後田園都市の影響を受けて生まれた各種ニュータウンでは採用されようもなかった部分ではあるけれど、都市を規定するのが物理的な構造よりは、経済であり社会構造であって、物理形態はむしろそれを反映するものだというハワードの指摘は実に先駆的なものでもあった。

本書の刊行とレッチワース建設

ハワードは、こうしてまとまった自分の考え方を、当時参加していた知識人サークルなどに売り込もうとする。前出の土地国有化協会が最も協力的だったようだ。ここで言う「売り込む」というのは、実際に出資者を集めて、田園都市をどこかにつくる、ということだ。一八九二年頃からこの売り込みは行われている。そしてその売り込み促進のために、田園都市のスキームを説明するパンフレット『明日』が一八九八年に刊行される。

当時のハワードはすでに48歳であり、また肩書き的には何の権威もない速記者でしかない。もちろん『明日』刊行も完全な自費出版で、その費用として必要な50ポンドをアメリカの友人に借りねばならなかった。でも、これは予想外にたくさん売れて、出版社はすぐに廉価版のペーパーバックも発刊している。販売部数は数年で三〇〇〇部ほどだった。

同時に、田園都市協会が一八九九年に発足した。前出のファビアン協会や懐疑派協会をはじめ、当時はこうした社会改良を掲げる組織が大量に生まれ、消えていった時代ではあった。でもこの田園都市協会は、会員たちがたまたまきわめて有能だったこともあり、本当に出資者たちを集めて初の田園都市レッチワースの建設に乗り出すことになる。

ただし、その過程でハワードの役割は薄れてしまう。実際に事業として田園都市建設を行い、投資家を集めて説得するとなれば、重要なのは理想よりは実務能力だ。

そして、投資家たちを納得させるには、一つは期待収益率の提示が重要となる。本書の多くは（いやほとんどの部分は）田園都市の財務的な計算に費やされており、フィジカルプランの部分はきわめて限られている。これは、本書が単にハワードの考えを説明するだけでなく、出資者をつのる目論見書でもあるからだ。

ちなみにちょっとおもしろいことだが、本書で提示されている田園都市の投資収益率は4・5〜5パーセントだ。二〇一四年に発表されて世界的にベストセラーとなったトマ・ピケティ『21世紀の資本』では、19世紀から20世紀にかけての基本的な投資収益率（資本収益率）は、農地経営でも植民地経営でも国債投資でも、基本的に5パーセントだと指摘されている。バルザックやジェーン・オースティンの小説でも投資といえばすべて収益率5パーセントというのが説明なしに登場する。本書でもまさに、この水準に見合った収益率が提示されている。そして、投資家たちはまさにこの話に乗った。

が、その一方で投資家たちは、これが実はなにやら隠密共産主義の生活協同組合集産組織ではないかという疑念を常に抱いていた（実際、ハワードはアナキズムに感化されていた）。その疑念を抑えて、これがちゃんと資本主義に則った事業であることを説得するために、ハワードの仲間たちはかなり苦労を強いられたという。

本書が一八九八年『明日:真の改革に向けた平和的な道』から一九〇二年に『明日の田園都市』に（ハワードとしては不本意ながら）改訂されたのも、それが理由だった。まず投資家たちが表題にある「真の改革」ということばを嫌ったこと。

真の改革といえば、当時は共産主義になりかねなかったからだ。

　さらに、内容的にも手が加わっている。

　まず、巻末にあった「補遺：水の供給」が削除されている。この部分は、章題のとおり田園都市の水供給を扱ったものだ。何段階かの貯水池を運河で結び、一番低い貯水池から高い貯水池に常時水をくみ上げ、下水や排水として消える分が雨水で補われることで水循環を実現するとともに、その水を動力源としても使う、という仕組みが提案されている。これは単に、仕組みとして生煮えだったので削除されたということかもしれない。

　そしてもっと大きいのが、現在の第8章と9章の間にあった「行政：俯瞰図」という章の削除だ。この章には、次のような図がついていた（図1）。そして田園都市における行政自治体の中の様々な部門と、それを取り巻く形で準自治体組織、自治体支援組織、共同体個人主義組織が配置されている。元々の第9章は、図も入れて4ページと短いものだが、ここに描かれた田園都市の行政社会組織の解説に充てられている。これまでの都市運営自治体とはかなりちがうものが構想されているのは明らかだし、出資者たちの反発を恐れてこの部分が削除されたのではないかと推測される。

　さらに、いったん最初の借入金が完済されたあとも、減債基金はそのまま残ってその利息により各種の市のインフラ整備や、住民たちの年金基金として活用さ

図1 『明日』にあった行政構造の図式

れることを示した、「地主への地代の消滅」と題された次の図も削除されている(図2)。この部分も、おそらくは完全な公有制度を目指すという趣旨が共産主義を想起させかねないという配慮があったのではないだろうか。

また、次の有名な図が削除されている(図3)。かわりに、この左下部分だけを切り取り、中心都市と2つの衛星都市だけを示した図と、アデレードの都市拡大を示した図が収録されている(本書234ページ図15)。削除の理由ははっきりしないが、あまりに図式的で、六角形が目立ちすぎると思われたせいなのかもしれない。それでもこの図は実に印象的なので、多くの紹介記事などでは一九〇二年の『明日の田園都市』からの引用として使用されているし、『明日』の復刻版などで表紙にドーンと使われることも多い。かっこいいので、無理もないだろう。ちなみに、『明日』の図版は彩色されていたけれど、『明日の田園都市』は白黒になってしまっている。

そうこうするうちに、一九〇三年にはレッチワースが実現した。あらゆる大規模事業と同じく、これまた妥協の産物であり、もちろん当初の想定通りになど進まなかった。土地の公有や開発利益還元方式、各種のインフラ整備、産業の誘致等々、本書で描かれた仕組みがそのまま実現した部分などほとんどないと言っていいだろう。もちろん、ガラス張りの温室式ショッピング街などというものも実現されていない。

図2 『明日』にある債券償還とその後の地代活用説明図

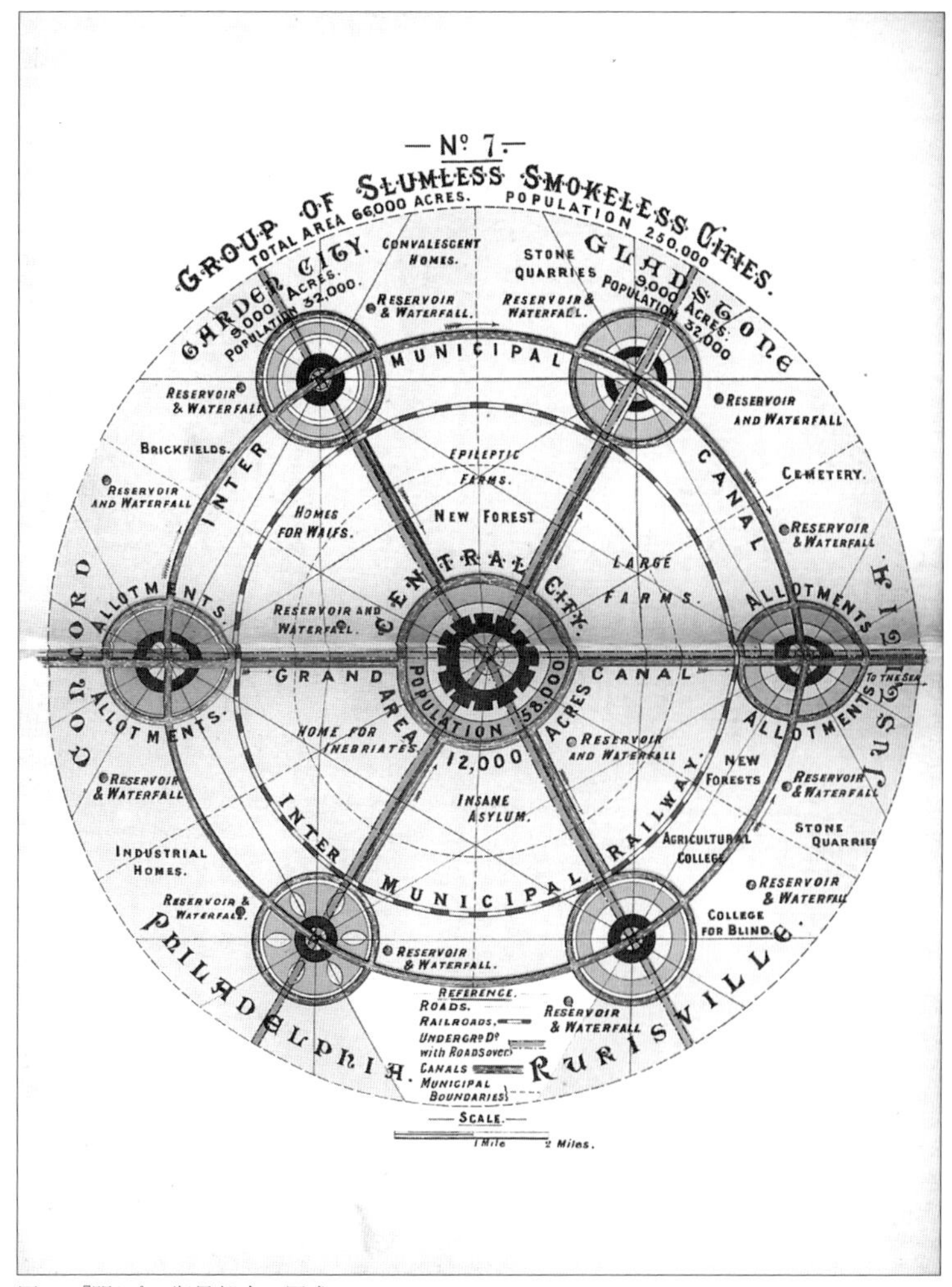

図3　『明日』の衛星都市の図式

また、あらゆるニュータウンと同じく、立ち上がりは苦労したとのこと。当時のメディアの報道は、かなり意地の悪いものが多かった。特に、現在ならヒッピーと呼ばれるであろうアラビア風衣装の菜食主義者集団が入ってきて、当時の謹厳なイギリスの基準からすればかなり異様な光景となり、それがおもしろおかしく報道されて当時の経営陣はかなり悩んだそうだ。

でもその一方で、本書の基本的な発想——混雑した都心から離れた新都市建設——が曲がりなりにも実現性を持つことは実証された。そしてそれが、20世紀の第二次大戦後における大規模なニュータウン建設につながったことは言うまでもない。その意味で、本書はまちがいなく世界を変えた——あるいは少なくとも世界を変える発端となった——きわめて重要な文書だし、その著者エベネザー・ハワードは単なる理論家としてだけでなく、実践者として真の変革をもたらした偉大な人物なのはまちがいない。

田園都市の評価と批判

田園都市とハワードは、今述べた通り、革新的なアイデアをまとめあげ、そしてそれを実践したという点で揺るぎない評価を得ている。しかも、ぼく自身も都市計画畑の出身ながら実際に訳してみるまで認識していなかったことだけれど、ハワードの考えていた田園都市というのは、名前や、その後のレッチワースをはじめとするニュータウン群から想像されるような牧歌的な郊外住宅地ではない。

そもそも本書の大半が都市の物理形態よりは、社会システムや事業収益計算に費やされていることは、改めて指摘しておこう。でもそのわずかなフィジカルプランの部分ですら、ハワードがここで思い描いているのは、むしろ最新のテクノロジーを取り入れた超ハイテク都市だ。がっちりした都市計画、中央公園を囲む、完全ガラス張りの水晶宮ショッピング街、うすぎたないロンドンとは比べものにならない、ぴかぴかの衛生環境、さらには上下水道に電力完備、そして全市に張り巡らされた気送管ネットワークによる先進通信網。

また、廃棄物処理も考えられていて、都市の廃棄物はそれを取り巻く農地で肥料として使われることになっている。すでにリサイクル的な発想をハワードは導入しているわけだ。どうです、エコロな諸君。農業生産は、その近くの都市で消費——地産地消ですぞ、すばらしいとは思いませんか。このハワードの発想の現代性は、ちょっと驚くべきものがある。また当時の社会救済運動の影響もあり、81ページの図式では身障者向けの施設がとても大きくとられているのも興味深い。

その一方で当然ながら、田園都市への批判は存在する。100年も前の代物だもの、批判されないほうが不思議だ。でもその批判は、必ずしも正当でフェアなものとは言えないいんじゃないか、とぼくは思う。

というのも、田園都市に対する批判というのは、本書の主張よりは実際にできた「田園都市」をめぐるものであることが多いからだ。レッチワースやウェリンを訪れた人々は、そこが茫漠として殺伐として、都市としての密度に欠けていることをよく指摘する。ハワードが嫌った（そして当時問題とされていた）都市の過密こそが、ある意味で都市の魅力でもある。田園都市は都市の本質を捉え損ね、その魅力を潰してしまった、といった批判はよく聞かれる。

そして本論に大きな影響を受けた各種のニュータウン建設は、一九六〇年代に、世界各地ですさまじい広がりを見せた。既存の無計画な市街地は、特に自動車などの新技術にまったく対応していないからスラム化してよからぬ状態となるので、ハワードの言うとおり郊外にニュータウンを構築しようというわけだ。

でもニュータウンは世界各地で、いろんな形で幻滅をもたらす。世界中のニュータウンでまず問題となったのは、ゆとりをもって計画しすぎたあまり、特に初期の段階ではスカスカで荒涼として、あまりに密度が低くてゴーストタウンみたいだ、ということだった。これは、単に人が引っ越してくるのに時間がかかるというだけの話もある。でもこのために産業も各種商業も立地せず、おかげで人もこないか、きても賃料や税の負担力の低い人ばかりで、だから産業ももっと来なくて、という悪循環が生じる。景気停滞に伴う失業もそれに拍車をかけた。一部のニュータウンはこのためにスラム化してしまう例も見られた。

これを見て、ニュータウンはすべて失敗だった、いやそもそもニュータウンの発想自体――つまりはその根底にある田園都市の発想――が完全にまちがっていた、という極端な論者もいる。その極端な例としては、ジェイン・ジェイコブズが『アメリカ大都市の死と生』（一九六一）で「自分では何も考える能力のない人が、他人にすべてお膳立てをしてもらって、計画してもらって、住み方まで口出しされて、そんな連中しかまともに暮らせないような都市がハワードの田園都市なのだ」と大罵倒を展開している。

でもこうした、ニュータウンや、その根っこにある田園都市の思想に対する批判の多くは不当なものだ。本書でわかるとおり、田園都市はかつてのロンドンの荒廃とスラムに対する解決案として提示されたものだ。田園都市やニュータウンがダメなら、どうすればいいんだろうか。ジェイコブズは、ニューヨークのグリニッジビレッジを描いてみせて、都心部が活気あるいい場所だと言う。でもすべての都市スラムがそんな結構な場所ではないのは当然のことだ。

ニュータウンは明らかにそうした事態を回避する役にたった。完璧じゃないかもしれない。既存市街地のよい部分だけ見れば、確かにニュータウンはそれには劣るだろう。でも、ニュータウンがそこに匹敵する環境になっていない、といって非難するのは不当だ。既存市街地のひどいところよりはずっとマシじゃないだろうか。

その批判自体の中身も、本当にハワードの案をきちんと読んだか疑問なものも多い。その筆頭格は、またもジェイコブズだ。ハワードの田園都市は何でも上からの押しつけだという彼女の批判は、正当と言えるだろうか？　本書を見れば、建物の建築線や敷地規模は決めるけれど、あとは好き勝手に任せる、という都市だ。すべてを計画してもらわないとダメな住民、というジェイコブズの言いようは、明らかに不当だし変だ。「この計画、というかもし読者がお望みであれば、この計画の不在と言ってもいい」とハワードが自分で言っているように、商業や工業の立地、土地利用、都市の運営管理まで、基本的な基準だけあって、あとはすべて人々の主体性に任されることになっている。またデザイナーではなかったジェイコブズは、自分が細かいところまで都市計画をしてそれを人々に押しつけようなどとは思っておらず、本書の図が図式的なのも、それがまさに図式でしかないようにハワードが意図したからだ。これは、81〜82ページの図に大きく明記されている。かつてぼくは、ジェイン・ジェイコブズの強みはアマチュアの強みだと述べた。実はハワードにもそれはあてはまる。まさにかれは、アマチュアとして自分の限界を十分に認識したうえで当時の都市問題に取り組み、新しい方向性を実現させてしまった。

本書の予測は、確かに完璧ではなかった。でもこの本は、ヴィクトリア朝下の都市に対し、その将来動向まで見据えて新しい発想を提示した。その意味で真に革命的で核心的な文書だった。本当にひどい状態で暮らしていた人々に対し、新しいずっとマシな可能性を提示し、それを単なる妄想としてではなく、ある程度の現実性を持つ形でまとめあげた。そして、それはその後一世紀以上にわたり世界の都市構造を変えている。いま急激に都市化が進んでいる発展途上国でも、何らかの形でニュータウン建設的な対応がますます必要となる。本書は、その方向性の原点を示せている。

日本への影響

その影響はもちろん本書は日本にも影響を与えている。東京の田園調布は、仕組み的には全然ちがうけれど、少なくとのその放射状の都市構造はハワードの田園都市に発想の源をもっている（それは名前から明らかだ）。

またこの本はすでに戦前の日本の内務省でも入手され、読まれていた。その影響については、『田園都市と日本人』（講談社学術文庫）に詳しい。内務省のお役人が実際にこの資料を入手し、それ以外に各種の社会改革や都市改革をめぐる様々な試みについて、分析と視察を行い日本への示唆を抽出していたことがわかる。官僚はいろいろ悪口を言われつつも、今も昔もバカじゃなかった。ちゃんと国の将来について考えている。そしてかなり情報収集力もあったしそれを活用するだけの力も持っていたんだね。

そして日本のニュータウンには、後藤新平の大東京計画をはじめとする大都市計画の伝統が脈々と流れ込んでいる。日本のエリート官僚建築家たちは、中国の植民地都市で思う存分都市設計の腕をふるった。これについては、越沢明の各種著作を是非とも読んでほしい。そして高山英華をはじめとするこうした都市計画家たちが、この田園都市の理念も当然参照しながら、戦後日本の大ニュータウン群やつくば学園都市などに腕をふるうことになる。

もちろん、そうしたニュータウンは完璧じゃなかった。これはさっき述べた、世界的なニュータウン批判と同じ批判にさらされている。緑が少なくて殺伐としている、密度が足りない、といった議論。ニュータウンは自殺が多い、人工的な空間はダメだ、といった議論はしょっちゅう聞かれる。また評論家の宮台真司は、神戸の酒鬼薔薇事件（神戸連続児童殺傷事件）のときに、あれを引き起こしたのはニュータウンだ、というとんでもない議論を展開していた。そしていまや、ニュータウンの住民の均質性が、高齢化と人口減少のおかげで荒廃をもたらしている面はある。

ただここでも、ニュータウンがなければどうなっていたかを考えてほしい。ニュータウンはダメだ、下町の人情や伝統的町並みがいい、という人は、いまニュータウンに住んでいる人たちがそのすばらしい下町や伝統的町並みに流れ込んでいたらどうなっていたかを考えるべきだ。それ抜きでニュータウンの揚げ足取りだけをするのは、批判でもなんでもない。ただの愚痴だ。そして多くのニュータウン批判や田園都市批判は、ぼくは愚痴以上のものだとは思えない。日本でも外国でも。

翻訳について

この本はもう古典なので。だからもちろん既訳がある。長素連訳『明日の田園都市』(鹿島出版会)だ。ただしよい翻訳とはいえなかった。ぼくも学部にいた頃に、ちょっと読もうとして投げ出したのを覚えている。

そして本書についてあちこちで言及されるときにも、最初の三つの磁石の図かなんかを出しておしまい、という場合があまりに多い。これは旧訳のせいもあるのかもしれない。また本書にフィジカルプランの部分が比較的少なくて、相当部分がお金の計算や行政的な話に費やされているのも一因、人々が本書を通読しない理由だろう。

でもそれはもったいない。

個人的な思い出ながら、学部時代に都市計画理論とかを初めて学んだ頃には、その発想自体に大きな反発を感じたものだ。特にジェイコブズを読んで、ハワードはテクノクラートで人民の敵、なんて思ったものだ。

でも本書を読むと、そうじゃなかったことがわかる。本書こそは人間中心の都市を考え、劣悪な都市環境をどうすれば現実的に改良できるか明確に考えた、まさに民衆の味方だ。個別の部分については、いまなら当時より知見も高まり、計画ツールも発達したし、あれこれケチもつけられる。こうすれば、ああすれば、ファイナンスはこう考えて等々。でも、その発想の先駆性、そして技術による人々の救済という発想のすごさと計画の底力は、本書に大きな迫力をもたらしている。

二〇〇〇年に（恥ずかしながら）初めて本書をきちんと通読し、ぼくはそれに感動すると同時に既訳のできの悪さを嘆かわしく思って、ネット上で新訳を無償で公開することにした。鹿島出版会がそれを見て、新訳刊行に踏み切ってくれたのは実にありがたい。翻訳は見直して脱落やまちがいを直してあるし、またネット上では著作権の関係で省いた各種序文、編注も戻してある。これを機に、もっと多くの人が本書を改めて読み、これからの新しい都市像について考えてほしい。しかも本書を読むにあたって、編者オズボーンも序文で嘆いているように、大きな考え方を無視しつつ、重箱の隅のような厳密な住戸密度だの敷地形態だのにちまちまこだわるようなことをしてはいけない。それはあくまで例示だとハワード自身も書いているし、いまさら本書に描かれた物理形態をそのまま再現したところでどうなるわけでもない。そこにある基本的な発想と取り組みをこそ学んでほしい。

というのもいまの日本は――そしていずれ世界は――人口減少と高齢化に直面

して、新しい都市のありかたを考えねばならないのだから（その意味で、序文でマンフォードが人口減少と少子化を心配しているのは、当時はナンセンスだったけれど、いまや一周回ってなんだか先見の明があったようにさえ読めてしまう）。かつてのニュータウン――そしてその背景にある田園都市――の考え方は必ずしも当てはまらなくなっている。新しい考え方が必要だ。今後、歯抜け状に衰退しつつある地域に関しては、何らかの方法で人々をもっと小さな部分に集め、その人々に対してコンパクトな形で都市行政サービスを提供する一方で、それ以外のところは非市街地化することを考えるしかないだろう。それをどう実現するのか？　ハワードがやったように、すでに存在する各種の部分的な解決策を、何かうまくパッケージ化して提示できれば、ニュータウン運動と同じような大きな世界的潮流の先鞭をつけられるかもしれない。ひょっとすると、コンパクトシティとかスマートシティといったものが、その大きな一部にはなるだろう。でももうひとひねりいるんじゃないか？　本書を読んだ読者のだれかが、21世紀のハワードとしてこの問題への答えを出してくれれば、望外の喜びではある。

深圳／東京にて
二〇一六年八月
山形浩生

さ

た

索　引

あ

か

著者

エベネザー・ハワード　Ebenezer Howard

一八五〇—一九二八

イギリス、ロンドン生まれ。一八九八年、*To-Morrow: A Peaceful Path to Real Reform*（明日——本当の改革に向けた平和的な道）を刊行。一九〇二年に改訂を加え、*Garden Cities of To-morrow* と題を改め、本書『明日の田園都市』を再刊する。速記者、発明家、田園都市思想を実践する社会学者などの顔をもつ。一九〇三年、ロンドン郊外のレッチワースに実際に田園都市を着工し、続いてウェリンにも建設。その後の世界的なニュータウン建設に先鞭をつけた。

訳者

山形浩生　やまがた ひろお

一九六四年東京生まれ。東京大学都市工学科修士課程およびマサチューセッツ工科大学不動産センター修士課程修了。大手調査会社に勤務のかたわら、小説、経済、ネット文化、コンピュータ、建築、開発援助など広範な分野での翻訳および執筆活動を行う。

著書に『たかがバロウズ本。』（大村書店）、『教養としてのコンピュータ』（アスキー新書）、『要するに』『新教養主義宣言』（河出文庫）など。主な訳書に『クルーグマン教授の経済入門』（ちくま文庫）、ロンボルグ『環境危機をあおってはいけない』（文藝春秋）、ピケティ『21世紀の資本』（みすず書房）、ポースト『戦争の経済学』（バジリコ）、ライト『フランク・ロイド・ライトの現代建築講義』（白水社）、チュミ『建築と断絶』、ジェイコブズ『新版 アメリカ大都市の死と生』（鹿島出版会）ほか多数。

メール：hiyori13@alum.mit.edu

図版協力（表紙表1, p.272, 274, 275）：
株式会社長谷工総合研究所「HASEKO Garden Cities Collection」

本書は、一九六八年に小社より刊行した同名書籍の新訳版です。

［新訳］明日の田園都市

発行　二〇一六年一〇月一〇日　第一刷発行
　　　二〇二四年四月一〇日　第三刷発行

訳者　山形浩生

発行者　坪内文生

発行所　鹿島出版会
〒一〇四-〇〇六一　東京都中央区銀座六-一七-一　銀座6丁目-SQUARE七階
電話　〇三-六二六四-二三〇一　振替　〇〇一六〇-二-一八〇八八三

印刷　三美印刷

製本　牧製本

造本　工藤強勝＋生田麻実

DTP　ホリエテクニカル

 ISBN 978-4-306-07329-6 C3052

本書の内容に関するご意見・ご感想は左記までお寄せ下さい。
URL : https://www.kajima-publishing.co.jp/　e-mail: info@kajima-publishing.co.jp